高校大数据与人工智能技术课程强基础推荐图书

U0169360

人工智能概论

主　编 ‖ 朱晓姝　梁勇强

副主编 ‖ 兰　伟　丁小军　吕　洁

　　　　　滕　飞　梁志勋

西南交通大学出版社

·成　都·

图书在版编目（CIP）数据

人工智能概论 / 朱晓姝，梁勇强主编. —— 成都：
西南交通大学出版社，2023.11（2024.12 重印）
ISBN 978-7-5643-9535-3

Ⅰ. ①人… Ⅱ. ①朱… ②梁… Ⅲ. ①人工智能－高
等学校－教材 Ⅳ. ①TP18

中国国家版本馆 CIP 数据核字（2023）第 207367 号

Rengong Zhineng Gailun
人工智能概论

主编　朱晓姝　梁勇强

责任编辑	李华宇
封面设计	GT 工作室

出版发行	西南交通大学出版社
	（四川省成都市金牛区二环路北一段 111 号
	西南交通大学创新大厦 21 楼）
邮政编码	610031
营销部电话	028-87600564　028-87600533
网址	http://www.xnjdcbs.com
印刷	四川森林印务有限责任公司

成品尺寸	185 mm×260 mm
印张	10.5
字数	262 千
版次	2023 年 11 月第 1 版
印次	2024 年 12 月第 2 次
定价	40.00 元
书号	ISBN 978-7-5643-9535-3

课件咨询电话：028-81435775

人工智能是一个以计算机科学为基础，由计算机、心理学、哲学等多学科交叉融合的学科。人工智能的飞速发展，正在日益改变着我们的生活，影响着我们的思维方式。如今，人工智能技术在很多领域都获得了广泛应用，已经成为我们提升自身竞争力的必备技能，人工智能人才的培养也成为现代科技社会发展的重要任务。

本书的定位是本科学生人工智能入门教材，也适用于初次涉猎人工智能的读者。编写本书的主要目的是使读者了解人工智能研究和发展的基本情况，对人工智能有一个基本认识，知道人工智能研究中的一些热点，掌握人工智能研究和应用中的一些普遍的方法。

本书的编写由浅入深，从 Python 的基础语法到机器学习，再到人工神经网络等深度学习，层层递进讲解，最后讲述综合应用的实现。本书注重理论与实践的结合，引入的实例结合理论和算法予以实现。本书内容分为 8 章进行论述，各章的内容如下：

第 1 章　人工智能概述，主要介绍人工智能的应用领域、发展现状等内容。

第 2 章　Python 库和框架，主要介绍 Python 的基础知识，包括环境搭建、基础语法、第三方库的使用等内容。

第 3 章　机器学习算法，主要介绍回归、聚类、分类和集成学习等算法和框架。

第 4 章　人工神经网络基础，主要介绍人工神经网络的基本原理及应用，包括人工神经元、感知机、多层感知机、Hopfield 神经网络、卷积神经网络等内容。

第 5 章　视觉处理与应用，主要介绍计算机视觉处理实例。

第 6 章　自然语言处理与应用，主要介绍自然语言处理的发展概况、机器翻译、语音识别等内容。

第 7 章　人工智能开放平台应用，主要介绍各种 AI 开放平台的使用。

第 8 章　综合应用实例，主要以波士顿房价预测、鸢尾花分类、手写数字识别和猫狗图片分类四个主题，引导读者进行实操演练。

本书由朱晓姝、梁勇强担任主编，兰伟、丁小军、吕洁、滕飞、梁志勋担任副主编。具体编写分工如下：朱晓姝、滕飞编写第 1 章，谭玻、吕洁编写第 2 章，丁小军编写第 3 章，梁勇强编写第 4 章，兰伟编写第 5 章，谢春萍编写第 6 章，陆钊编写第 7 章，涂保民编写第 8 章，梁志勋审校了全书并完成了课件制作。朱晓姝、吕洁完成了统稿和审读工作。

由于编者专业领域和水平有限，错漏或不妥之处在所难免，敬请读者批评指正。

朱晓姝

2024 年 11 月于桂林电子科技大学

目 录

第 1 章　人工智能概述

人工智能（Artificial Intelligence，AI）自提出至今已超过 60 年，过去国际象棋世界冠军和围棋世界冠军被 AI 击败，并没有引起人们太多的担忧。然而，2022 年 11 月 30 日，美国人工智能研究公司 OpenAI 推出了基于 GPT-3.5 架构的自然语言处理工具 ChatGPT（Chat Generative Pre-trained Transformer），这一基于 AI 的聊天机器人一经推出就引发了广泛反响。ChatGPT 不仅可以实现近乎人类之间的实时交流，而且还能在人类引导下写邮件、代码，甚至学术论文。它的出现在一定程度上突破了以往人们对 AI 发展的认知，它不仅可以与真人进行"真实对话"，还具备相应的工作能力。此后，各种 AI 产品如雨后春笋般涌现，关于人工智能的讨论迅速升温，引发了从学术界到商业界，从商业人士到社会大众的全方位关注。

1.1　人工智能的定义与研究目标

人工智能（Artificial Intelligence，AI）是研究、开发用于模拟、延伸和扩展人的智能的理论、方法、技术及应用系统的一门新的技术科学。

人工智能的研究虽然已有 60 多年的历史，但和许多新兴学科一样，人工智能至今尚无统一严格的定义。一个经典的定义是："智能主体可以理解数据及从中学习，并具备利用知识实现特定目标和任务的能力。"

目前，人工智能主要分为三个层次：弱人工智能、强人工智能和超人工智能。

弱人工智能也称为人工狭义智能（Artificial Narrow Intelligence，ANI）是专注于执行特定任务的经过训练的 AI，这些任务通常是单一的、固定的，如语音识别、图像识别、自然语言处理、推荐算法等。弱人工智能无法像人类一样全面、深入地理解世界，只能通过对输入数据进行计算和匹配来完成特定任务。弱 AI 驱动了我们现在使用的大多数 AI。"狭窄"可能是对这类 AI 更准确的描述，因为它们一点也不弱；它们支持一些非常强大的应用，如 Apple Siri、ChatGPT 和自动驾驶汽车等。

强人工智能也被称为通用人工智能（Artificial General Intelligence，AGI）是指在任何人类的专业领域内，具备相当于人类智慧程度的 AI，一个 AGI 可以执行任何人类可以完成的智力任务。强人工智能具有自主性、创造性和情感等方面的能力，可以自主学习、创造新知识、进行推理和决策等。强人工智能的实现需要大量的计算资源和算法技术的支持，目前还处于研究阶段。

超人工智能（Artificial Super Intelligence，ASI）是指远远超过人类智慧的人工智能。这种人工智能不仅具有强大的智能能力，还具有类似意识和意图等人类意识的特征。超人工智能的实现需要突破目前计算机科学和认知科学的极限，可能需要超越当前人类的智慧水平。

1.2 人工智能的发展

人类一直在不断探索充满未知的人工智能领域，历经无数研究者前赴后继地钻研与创新，它已经从最初的简单算法发展到现在复杂的深度学习和神经网络，在各个领域展现出强大的能力。我们可以将这段发展历程大致划分为五个阶段。

1. 起步期：1943 年—20 世纪 60 年代

人工智能概念提出后，让机器产生智能的想法进入人们的视野，掀起了人工智能发展的第一个高潮。

1943 年，美国神经科学家麦卡洛克（Warren McCulloch）和逻辑学家皮茨（Water Pitts）提出神经元的数学模型，这是现代人工智能学科的奠基石之一。

1950 年，艾伦·麦席森·图灵（Alan Mathison Turing）提出"图灵测试"（测试机器是否能表现出与人无法区分的智能），让机器产生智能的想法开始进入人们的视野，并为人工智能的发展提供了一个目标。

1956 年，达特茅斯学院人工智能夏季研讨会上正式使用了人工智能（Artificial Intelligence，AI）这一术语。

1959 年，Arthur Samuel 给机器学习定义了一个明确概念：机器学习是研究如何让计算机不需要显式的程序也可以具备学习的能力。

1967 年，Frank Rosenblatt 构建了 Mark 1 Perceptron，这是第一台基于神经网络的计算机，它可以通过试错法不断学习。

1968 年，爱德华·费根鲍姆（Edward Feigenbaum）提出首个专家系统 DENDRAL，并对知识库给出了初步的定义。

2. 低潮期：20 世纪 70 年代

人工智能发展初期的突破性进展极大提升了人工智能研究的热情，研究者开始尝试更具挑战性的任务。然而由于当时人们对深度学习的认识还不够深刻，缺乏相应的理论指导，加上当时的计算机算力不足，使得不切实际目标的落空，人工智能的发展走入低谷。

1969 年，"符号主义"代表人物马文·明斯基（Marvin Minsky）在其著作《感知器》中提出了对 XOR 线性不可分的问题：单层感知器无法划分 XOR 原数据。解决这个问题需要引入更高维的非线性网络，即多层感知器（Multi-Layer Perception，MLP），但在当时没有针对多层网络的有效训练算法。这些论点打击了神经网络研究的研究，很多科学家纷纷离开这一领域，神经网络的研究走向长达 10 年的低潮时期。

1974 年，哈佛大学沃伯斯（Paul Werbos）首次提出了通过误差的反向传播（Back Propagation，BP）算法，并提到了应用于人工神经网络（Artificial Neural Network，ANN）的可能性。但当时正值神经网络低潮期，并未引起重视。

1977 年，海斯·罗思（Hayes. Roth）等人的基于逻辑的机器学习系统取得较大的进展，但只能学习单一概念，也未能投入实际应用。

3. 复兴期：20 世纪 80 年代

人工智能开始走入应用发展的新高潮，专家系统能够模拟人类专家的知识和经验，实现了人工智能从理论研究走向实际应用的重大突破。而机器学习（特别是神经网络）探索了不同的学习策略，在大量的研究和实际应用中开始展现出强大的能力。

1980 年，卡耐基梅隆大学为 DEC 公司开发了一个名为 XCON 的专家系统，每年为公司节省 4000 万美元，人工智能在应用上取得巨大成功。

1982 年，约翰·霍普菲尔德（John Hopfield）发明了霍普菲尔德网络，这是最早的 RNN 的雏形。霍普菲尔德神经网络模型是一种单层反馈神经网络，从输出到输入有反馈连接，它的出现振奋了神经网络领域。

1986 年，Rumelhart、Hinton 和 Williams 提出 BP（Back Propagation）神经网络的概念，这是一种按照误差反向传播算法训练的多层前馈神经网络，为神经网络提供了一种通用训练算法，并使复杂神经网络求解成为可能，开启了神经网络新一轮的高潮。

1989 年，George Cybenko 证明了"万能近似定理"（Universal Approximation Theorem）。即只要给予神经网络足够数量的隐藏单元，多层前馈网络可以近似任意函数，这从根本上消除了人们对神经网络表达力的质疑。

1989 年，LeCun 发明了卷积神经网络（Convolutional Neural Network，CNN），并首次将卷积神经网络成功应用到美国邮局的手写字符识别系统中。

4. 蓬勃期：20 世纪 90 年代—2010 年

随着计算机技术的迅猛发展，算力得到了极大的提升，这加速了人工智能的创新研究，并推动了人工智能技术进一步走向实用化。然而，由于专家系统的项目需要编码大量的显式规则，效率低下、成本高昂。因此，人工智能研究的重心从基于知识系统转向了机器学习方向，此时经典机器学习算法（如支持向量机、随机森林等）大放异彩。

1995 年，Cortes 和 Vapnik 提出联结主义的经典算法——支持向量机（Support Vector Machine），它在解决小样本、非线性及高维模式识别中拥有许多独特的优势。

1997 年，在世界国际象棋锦标赛中，国际商业机器公司（IBM）研制的超级计算机"深蓝"以 2 胜 1 负 3 平的成绩战胜了当时的世界冠军卡斯帕罗夫，引起了全球关注，这一成就标志着计算机在复杂智力游戏中的胜利。其核心算法是基于暴力穷举，并且使用剪枝算法和对残局的搜索来降低搜索空间，不断对局面进行评估，尝试找出最佳走法。

2001 年，John Lafferty 首次提出条件随机场模型（Conditional random field，CRF）。CRF 是基于贝叶斯理论的判别式概率图模型，在许多自然语言处理任务（如分词、命名实体识别等）中表现出色。

同年，布雷曼博士提出随机森林（Random Forest），将多个有差异的弱学习器（决策树）Bagging 并行组合，通过建立多个拟合较好且有差异模型进行组合决策，以优化泛化性能。随机森林的提出不仅丰富了机器学习的理论体系，也为解决实际问题提供了一种强大且灵活的工具。

2006 年，杰弗里·辛顿以及他的学生鲁斯兰·萨拉赫丁诺夫正式提出了深度学习的概念（Deeping Learning），开启了深度学习在学术界和工业界的浪潮。2006 年被称为深度学习元年，杰弗里·辛顿也因此被称为深度学习之父。

5. 爆发期：2011 年至今

随着大数据、云计算、互联网、物联网等信息技术的发展，海量的数据及图形处理器等计算平台提供前所未有的算力，推动以深度神经网络为代表的人工智能技术飞速发展，并大幅跨越了科学研究与实际应用之间的技术鸿沟，诸如图像分类、语音识别、知识问答、人机对弈、无人驾驶等人工智能技术都实现了重大的突破，人工智能迎来爆发式增长的新高潮。

2012 年，Hinton 和他的学生 Alex Krizhevsky 设计的 AlexNet 神经网络模型在 ILSVRC 竞赛中获得了第一名，这是史上第一次有模型在 ImageNet 数据集表现如此出色，它的出现标志着深度学习在计算机视觉领域的应用取得了重大突破。

2014 年，Goodfellow 及 Bengio 等人提出生成对抗网络（Generative Adversarial Network，GAN），被誉为近年来最酷炫的神经网络，得到了学术界和工业界的广泛认可和应用，它的出现极大地推动了深度学习技术的发展。

2015 年，谷歌开源了 TensorFlow 框架，它是基于 Python 的深度学习框架，该框架的初衷是以最简单的方式实现机器学习和深度学习的概念，结合了计算代数的优化技术，使其能够方便计算许多数学表达式。借助 TensorFlow，初学者和专家可以轻松创建适用于桌面、移动、Web 和云环境的机器学习模型。

2017 年，在中国嘉兴乌镇举行的三番棋比赛中，围棋世界冠军柯洁与 AlphaGo 进行了对决，柯洁以总比分 0：3 负于 AlphaGo。这场比赛不仅标志着人工智能在围棋领域的突破，也刷新了人们对人工智能能力的认识。

2022 年，ChatGPT 问世，AI 再次刷新人类的想象，未来可期。

1.3　人工智能和深度学习的关系

深度学习和机器学习都是人工智能的子领域，深度学习实际上是机器学习的一个子领域，如图 1.1 所示。

深度学习的概念源于人工神经网络的研究，它的本质是使用多个隐藏层网络结构，通过大量的向量计算，学习数据内在信息的高阶表示。

深度学习实际上是由神经网络组成的。深度学习中的"深度"指的是由三层以上的神经网络组成，包括输入和输出，如图 1.2 所示。

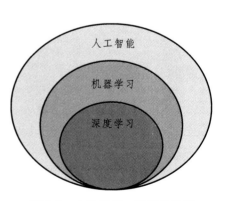

图 1.1　人工智能、机器学习和深度学习的关系

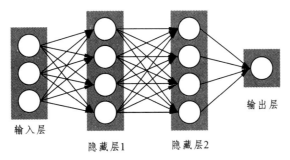

输入层   输出层

隐藏层1   隐藏层2

图 1.2   深度学习的神经网络组成

深度学习的强大是有数学原理支撑的，这个原理被称为"万能近似定理"。根据该定理，只要给予神经网络足够数量的隐藏单元，它就可以拟合任何函数，无论这个函数的表达是多么复杂。因此，深度学习在拟合函数方面具有非常强大的能力。然而，深度学习的强大也带来了相应的问题：黑盒化。

在传统的机器学习中，算法的结构通常充满了逻辑，这种结构可以被人类分析并最终抽象为某种流程图或代数公式，例如决策树，具有非常高的可解释性。然而，在深度学习中，中间过程是不可知的，结果也是不可控的。简单来说，深度学习的工作原理是通过一层层神经网络进行数学拟合，每一层都提供一个函数。由于深度学习有多层，通过每一层的函数叠加，深度学习网络的输出无限逼近目标输出。这种"万能近似"通常是输入和输出之间的数值耦合，而不是真正找到了一种代数表达式。因此，在许多情况下，我们的深度学习网络可以很好地完成任务，但我们不知道网络学习到了什么，也不知道网络为什么做出了特定的选择。"知其然而不知其所以然"，这可以看作是深度学习的常态，也是深度学习工作中的一大挑战。

1.4   人工智能学派

在人工智能的发展过程中，不同时代、不同学科背景的人对于人工智能的理解及其实现方法有着不同的思想主张，并由此衍生了不同的学派。其中，符号主义及联结主义为主要的两大派系。影响较大的学派及其代表方法见表 1.1。

表 1.1   人工智能学派

人工智能学派	主要思想	代表方法
联结主义	利用数学模型来研究人类认知的方法，用神经元的连接机制实现人工智能	神经网络、SVM（支持向量机）等
符号主义	认知就是通过对有意义的表示符号进行推导计算，并将学习视为逆向演绎，主张用显式的公理和逻辑体系搭建人工智能系统	专家系统、知识图谱、决策树等
演化主义	对生物进化进行模拟，使用遗传算法和遗传编程	遗传算法等
贝叶斯主义	使用概率规则及其依赖关系进行推理	朴素贝叶斯等
行为主义	以控制论及感知-动作型控制系统原理模拟行为以复现人类智能	强化学习等

1.5 深度学习常用框架

深度学习框架是一套用于深度学习的函数。在深度学习领域，存在几种基本操作，包括卷积、池化、全连接、二分类和多分类以及反向传播等。然而，这些在神经网络中频繁使用的功能在普通的编程语言中并不具备。为了简化、加速和优化深度学习的编码和训练过程，学术界和产业界已经开发并完善了多个基础平台和通用工具。一套深度学习框架就像是这个品牌的积木套装，其中各个组件代表着某个模型或算法的一部分。我们可以自行设计如何使用这些积木来搭建符合我们数据集需求的模型。借助这些基础平台和工具，我们可以避免重复造轮子，从而专注于技术研究和产品创新。

深度学习框架的出现降低了深度学习入门的门槛，我们不需要从复杂的神经网络开始编写代码，而是可以依据需要，使用已有的模型，模型的参数由自己训练得到，也可以在已有模型的基础上增加自己的 layer（层），或者是在顶端选择自己需要的分类器等。目前比较流行的深度学习框架见表 1.2。

表 1.2 深度学习框架

框架名称	接口语言	开源厂商
TensorFlow	C++、Java、Python、Go 等	Google
PyTorch	C++、Python	Meta（原 Facebook）
MXNet	C++、Python、R、MATLAB 等	Amazon
Cognitive Toolkit	C++、Python	Microsoft
MindSpore	Python	华为
PaddlePaddle	C++、Java、Python、Go 等	百度

1.6 人工智能常见应用

1. 无人驾驶汽车

无人驾驶汽车是智能汽车的一种，也称为轮式移动机器人，主要依靠车内以计算机系统为主的智能驾驶控制器来实现无人驾驶。无人驾驶中涉及的技术包含多个方面，例如计算机视觉、自动控制技术等。

近年来，伴随着人工智能浪潮的兴起，无人驾驶成为人们热议的话题，国内外许多公司都纷纷投入自动驾驶和无人驾驶的研究中。例如，物流公司的无人快递车、百度的 Apollo 等。

2. 人脸识别

人脸识别也称人像识别、面部识别，是基于人的脸部特征信息进行身份识别的一种生物识别技术。人脸识别涉及的技术主要包括计算机视觉、图像处理等。

人脸识别系统的研究始于 20 世纪 60 年代，之后，随着计算机技术和光学成像技术的发展，人脸识别技术水平在 20 世纪 80 年代得到不断提高。在 20 世纪 90 年代后期，人脸识别技术进入初级应用阶段。目前，人脸识别技术已广泛应用于多个领域，如金融、司法、公安、边检、航天、电力、教育、医疗等。

3. 机器翻译

机器翻译是计算语言学的一个分支，是利用计算机将一种自然语言转换为另一种自然语言的过程，并且尽可能做到"信达雅"。机器翻译用到的技术主要是神经机器翻译技术，该技术当前在很多语言上的表现已经超过人类。

机器翻译技术在促进政治、经济、文化交流等方面的价值凸显，也给我们的生活带来了许多便利。例如，我们在阅读英文文章时，可以方便地通过有道翻译、Google 翻译等网站将英文转换为中文，免去了查词典的麻烦。

4. 智能音箱

智能音箱是语音识别、自然语言处理等人工智能技术的电子产品类应用与载体，随着智能音箱的迅猛发展，其也被视为智能家居的未来入口。究其本质，智能音箱就是能完成对话环节的拥有语音交互能力的机器。通过与它直接对话，家庭消费者能够完成控制家居设备和唤起生活服务等操作。

支撑智能音箱交互功能的前置基础主要包括将人声转换成文本的自动语音识别（Automatic Speech Recognition，ASR）技术，对文字进行词性、句法、语义等分析的自然语言处理（Natural Language Processing，NLP）技术，以及将文字转换成自然语音流的语音合成技术（Text To Speech，TTS）技术。

5. 个性化推荐

个性化推荐是一种基于聚类与协同过滤技术的人工智能应用，它建立在海量数据挖掘的基础上，通过分析用户的历史行为建立推荐模型，主动给用户提供匹配他们的需求与兴趣的信息，如商品推荐、新闻推荐等。

个性化推荐既可以为用户快速定位需求产品，弱化用户被动消费意识，提升用户兴致和留存黏性，又可以帮助商家快速引流，找准用户群体与定位，做好产品营销。

6. 图像搜索

图像搜索是近几年用户需求日益旺盛的信息检索类应用，分为基于文本的和基于内容的两类搜索方式。传统的图像搜索只识别图像本身的颜色、纹理等要素，基于深度学习的图像搜索还会计入人脸、姿态、地理位置和字符等语义特征，针对海量数据进行多维度的分析与匹配。

该技术的应用与发展，不仅是为了满足当下用户利用图像匹配搜索以顺利查找到相同或相似目标物的需求，更是为了通过分析用户的需求与行为，如搜索同款、相似物比对等，确保企业的产品迭代和服务升级在后续工作中更加聚焦。

习　题

1. 人工智能有哪些层次？它们的不同之处是什么？我们现在达到了什么层次？
2. 理解人工智能和深度学习的关系，为何深度学习会出现"黑盒化"问题？
3. 不同人工智能学派的主要思想是什么？有哪些代表方法？
4. 为什么要使用深度学习框架？不同的深度学习框架有什么异同？
5. 人工智能在实际生活中还有哪些应用？对我们产生了什么影响？

第 2 章　Python 库和框架

Python 作为一门近年来极受欢迎的高级语言，具有入手简单、开源、面向对象、跨平台、易于扩展等特点。Python 具有丰富且强大的类库，其计算生态包括标准库和第三方库，涵盖数据分析、数据可视化、文本处理、机器学习、网络爬虫、Web 信息提取、Web 网站开发、网络应用开发、图形用户界面、游戏开发、虚拟现实、图形艺术等多个领域。

使用框架可以有效提升开发效率。在深度学习领域常用的计算框架有 Google 的 TensorFlow、Meta（原 Facebook）的 Pytorch 和百度的飞桨（PaddlePaddle）等。

本章将介绍 Python 语言的基础和部分常用 Python 库，以及机器学习常用的框架 TensorFlow。

2.1　Python 语言简介

Python 语言诞生于 1989 年，由荷兰国家数学和计算机研究中心的程序员 Guido van Rossum 开发，目前由 Python 软件基金会主导开发和管理。Python 是一门跨平台、开源、免费、面向对象的解释型高级动态编程语言，其易学、易用、易维护的特性使其广受编程人员的欢迎，在云计算、Web 开发、科学技术和人工智能等领域都有出色的发挥。尤其是该语言在机器学习和数据科学领域的适用性，让它成为一门热门语言。

2023 年 3 月，Python 在最新的 TIOBE 编程语言排行榜稳居第一，如图 2.1 所示。TIOBE 编程社区索引（the TIOBE Programming Community Index）是编程语言流行度的指标，其指数基于全球技术工程师、课程和第三方供应商的数量，包括流行的搜索引擎，如谷歌、必应、雅虎、维基百科、亚马逊、YouTube 和百度都用于指数计算。TIOBE 指数虽并不代表语言的好坏，但也能说明其受欢迎的程度。

Mar 2023	Mar 2022	Change	Programming Language	Ratings	Change
1	1		Python	14.83%	+0.57%
2	2		C	14.73%	+1.67%
3	3		Java	13.56%	+2.37%
4	4		C++	13.29%	+4.64%
5	5		C#	7.17%	+1.25%
6	6		Visual Basic	4.75%	-1.01%
7	7		JavaScript	2.17%	+0.09%
8	10	^	SQL	1.95%	+0.11%
9	8	∨	PHP	1.61%	-0.30%
10	13	^	Go	1.24%	+0.26%

图 2.1　2022 年 4 月 TIOBE 编程语言排行榜

　　Python 连续两年被 TIOBE 授予"年度编程语言"称号，该奖项代表的是在当年该语言获得最高的评分。Python 是第五次得这个奖，得奖年份分别是：2007 年、2010 年、2018 年、2020 年和 2021 年。

　　近年来各年度编程语言获奖情况如图 2.2 所示。

Year	Winner
2022	C++
2021	Python
2020	Python
2019	C
2018	Python
2017	C
2016	Go
2015	Java
2014	JavaScript
2013	Transact-SQL
2012	Objective-C
2011	Objective-C
2010	Python
2009	Go
2008	C
2007	Python

图 2.2　TIOBE 年度编程语言排行榜

Python 2.0 版本发布于 2000 年，3.0 版本发布于 2008 年，两个版本的差异较大。2020 年 1 月 1 日，官方宣布停止对 Python 2.0 版本的更新。Python 官方建议学习 Python 3，本书主要介绍的是 Python 3。

2.2 Python 的开发环境搭建

Python 具有跨平台的特点，可以在多个操作系统上进行编程，包括 Windows、MAC OS 和 Linux。本书以 Windows 操作系统为例进行讲解。

2.2.1 安装 Python

1. Python 的下载与安装

打开 Python 官网，选择 Windows 下载，并定位到 3.7.0 版本。其下载界面如图 2.3 所示，当前选择的是适用于 Windows64 位系统的 exe 格式安装包。

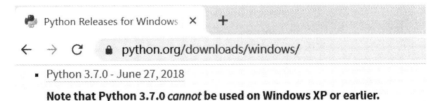

图 2.3　Python 3.7.0 下载界面

下载完成后，直接双击运行安装程序，将显示安装向导对话框，如图 2.4 所示。勾选底部的 "Add Python 3.7 to PATH" 实现环境变量 PATH 的自动配置，选择 "Customize installation" 进行自定义安装。

在弹出的 Optional Features 对话框中，如图 2.5 所示，确保选中所有选项，表示安装 Python 的帮助文档、下载 Python 包的 pip 工具、Tkinter 和 IDLE 开发环境、标准库套件以及所有用户可用的 Python 启动器。

点击 Next 按钮，显示 Advanced Options 对话框，如图 2.6 所示。可采用默认设置，也可在 Customize install location 设置新的安装路径。

图 2.4 Python 3.7.0 安装向导

图 2.5 Optional Features 对话框

图 2.6 Advanced Options 对话框

点击 Install 按钮后开始安装 Python，如图 2.7 所示。

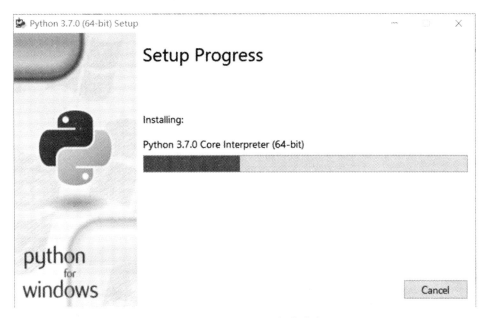

图 2.7　Python 3.7.0 安装进度

安装完成后显示成功信息，如图 2.8 所示。

图 2.8　Python 3.7.0 安装成功

2. Python 的简单测试

Python 安装完成后，可在命令提示符下进行是否安装成功以及所安装版本的检测。

首先，打开命令提示符界面。它的启动方法很多，可以采用运行 cmd 命令的方式进行快速启动。快捷键 Win+R 可快速打开运行对话框，如图 2.9 所示。

运行
Windows 将根据你所输入的名称，为你打开相应的程序、文件夹、文档或 Internet 资源。
打开(O): cmd
确定
取消
浏览(B)...

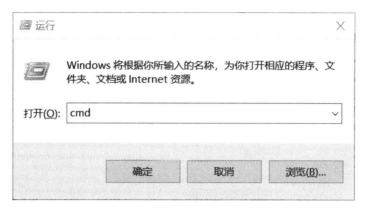

图 2.9　运行命令提示符

在弹出的命令提示符中输入“python -V”，如果能正常显示 Python 的版本信息则表示安装成功，如图 2.10 所示。

C:\WINDOWS\system32\cmd.exe
Microsoft Windows [版本 10.0.19044.1526]
(c) Microsoft Corporation。保留所有权利。
C:\Users\bobo>python -V
Python 3.7.0
C:\Users\bobo>

图 2.10　Python 的版本测试

假如未能看到正常版本信息，则有很大的可能性是由于前面的环境变量未能正确配置所导致。可以检查系统环境变量，看是否添加了 Python 的安装路径。如果缺失了该路径，也可手动添加，如图 2.11 所示。

编辑环境变量
C:\Users\bobo\AppData\Local\Programs\Python\Python37\Scripts\
C:\Users\bobo\AppData\Local\Programs\Python\Python37\
%USERPROFILE%\AppData\Local\Microsoft\WindowsApps
C:\Users\bobo\AppData\Local\Programs\Microsoft VS Code\bin
C:\Users\bobo\AppData\Roaming\npm
新建(N)
编辑(E)
浏览(B)...
删除(D)

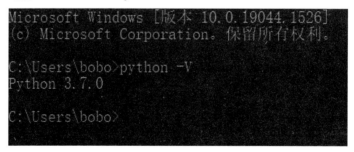

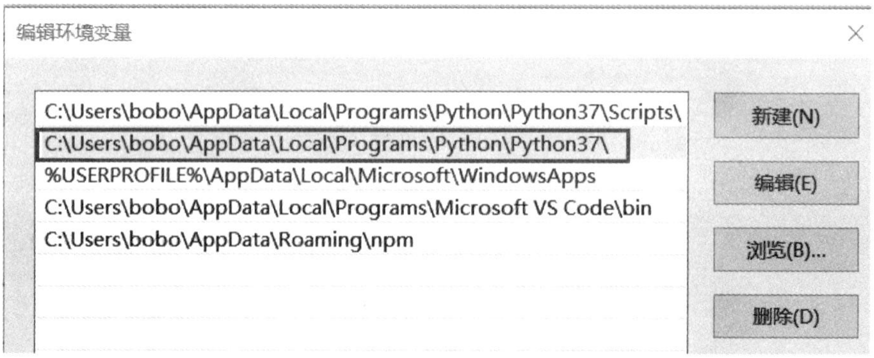

图 2.11　检查系统环境变量

可以使用 Python 解释器进行输出测试，如图 2.12 所示。在命令提示符中输入“python”命令可进入 Python 交互模式，输入“print("hello world!")”并按回车键可看到输出结果。

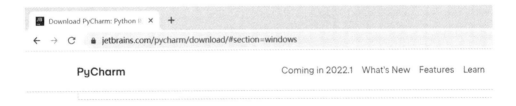

图 2.12　Python 交互模式测试

2.2.2　安装 PyCharm

对编程人员来说，选对好的开发环境，尤其是一个好的集成开发环境往往可以事半功倍。本节将对目前使用最广泛的 Python IDE——PyCharm 的安装和使用方法进行介绍。

PyCharm 由知名的捷克公司 JetBrains 开发，带有一整套可以帮助用户在使用 Python 语言开发时提高其效率的工具，如调试、语法高亮、项目管理、代码跳转、智能提示、自动完成、单元测试、版本控制。

1. PyCharm 的下载与安装

PyCharm 提供了两个下载版本：Professional 专业版和 Community 社区版，如图 2.13 所示。

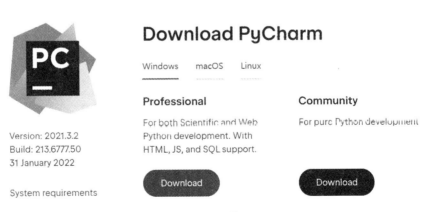

图 2.13　PyCharm 下载界面

专业版提供高级应用，如 Django 等 Web 开发功能，需要付费使用。用于普通学习选择免费的社区版即可。直接点击 Community 下方的 Download 按钮进行下载。待下载完成后可运行此安装程序，弹出 PyCharm 安装对话框，如图 2.14 所示。

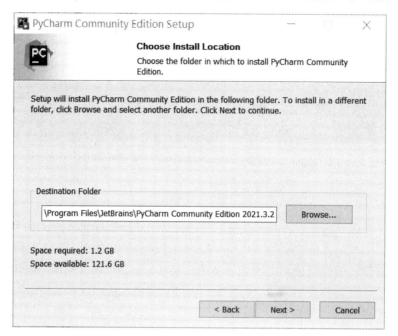

图 2.14　PyCharm 安装对话框

　　可在此对话框更改安装路径并点击 Next 按钮，进入安装选项的设置对话框，如图 2.15 所示。

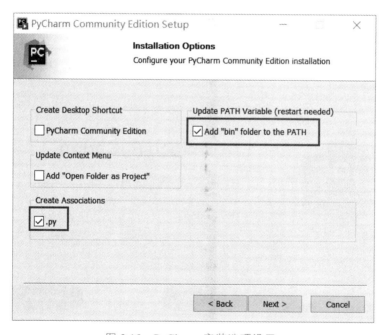

图 2.15　PyCharm 安装选项设置

　　勾选 "Add bin folder to the PATH" 将 PyCharm 的启动目录添加到环境变量 PATH，勾选 ".py" 将所有.py 文件与 PyCharm 关联。点击 Next 按钮直至看到以下安装完成对话框，如图 2.16 所示。

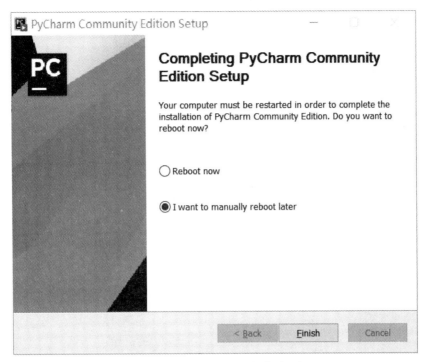

图 2.16　PyCharm 安装完成对话框

建议选择第一个选项"Reboot now"重启计算机，彻底完成安装。

2. PyCharm 的运行

第一次运行 PyCharm 时，会弹出用户同意协议对话框，如图 2.17 所示。

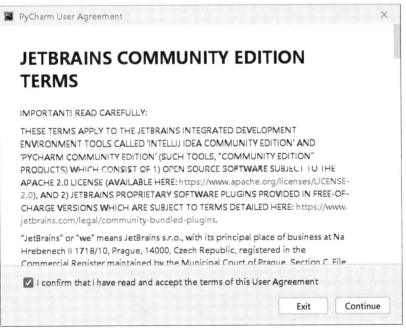

图 2.17　用户同意协议对话框

勾选对话框中的阅读协议选项，点击 Continue 进入 PyCharm 欢迎界面，如图 2.18 所示。

图 2.18　PyCharm 欢迎界面

选择 "New Project" 创建一个 Python 项目，弹出新建项目对话框，如图 2.19 所示。

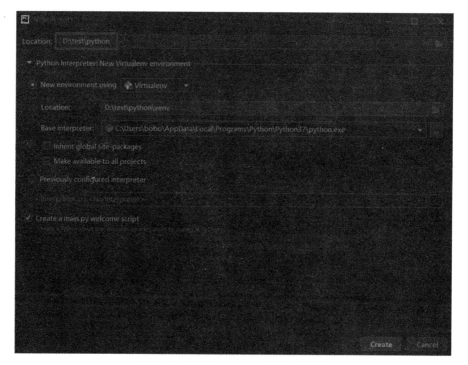

图 2.19　新建 PyCharm 项目对话框

在 Location 中设定项目路径及名称，最后一个文件夹名称即为项目名称。点击 Create 实现项目创建，显示 PyCharm 项目主界面，如图 2.20 所示。

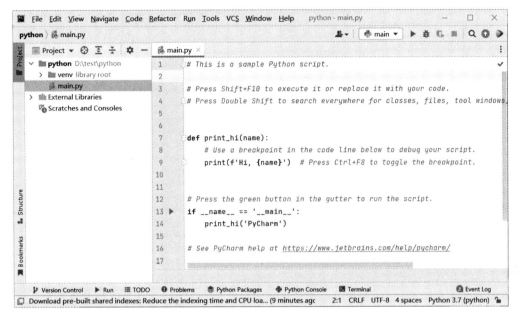

图 2.20　PyCharm 项目主界面

可以看到，界面中默认打开了 main.py，点击界面中右上角的绿色三角形按钮，运行 main.py。或者通过菜单项 Run 选择 Run 命令来完成运行。界面下方呈现运行结果，如图 2.21 所示。

图 2.21　运行结果

如果需要新建 Python 程序，可在菜单中选择"File"→"New"，并在弹出框内输入文件名称"hello"并选择"Python file"，如图 2.22 所示。

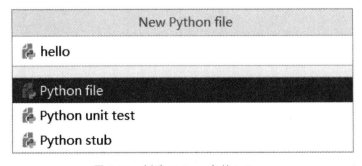

图 2.22　创建 Python 文件 hello.py

在 hello.py 文件中输入代码并运行，如图 2.23 所示。

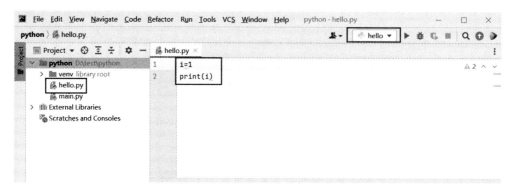

图 2.23　PyCharm 新建文件的运行

注意：运行时要将默认的"main"切换为"hello"才能看到新建文件 hello.py 的运行结果。其结果如图 2.24 所示。

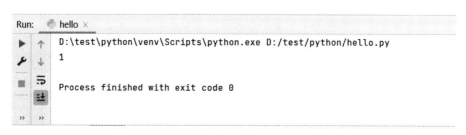

图 2.24　hello.py 的运行结果

2.3　Python 的基础语法

Python 的语法与传统的 C 和 Java 语言有许多相似之处，但也存在部分差异。Python 更易于理解，使用起来也更为简单。本小节的代码均在 PyCharm 环境中编写和运行。

2.3.1　标识符

标识符就是一个名字，是一个可以用来标识某个实体的有效字符序列，命名规则如下：
（1）第一个字符必须是大写或小写的英文字母或下划线。
（2）标识符的其他部分由字母、数字和下划线组成。
（3）标识符对大小写敏感。
一般情况下，要求标识符的命名能够见名知意，使用驼峰命名法命名，以提高程序的可读性。

2.3.2　关键字

关键字也称为保留字，是一些具有特殊含义的标识符。因其具有特殊的意义，不能作为变量名字来使用，在给标识符命名时要注意避开关键字。Python 的关键字有 35 个。其中，async 和 await 为 Python3.7 新增关键字，如下：

False	None	True	and	as	assert	async
await	break	class	continue	def	del	elif
else	except	finally	for	from	global	if
import	in	is	lambda	nonlocal	not	or
pass	raise	return	try	while	with	yield

使用 keyword 关键字模块提供的 kwlist 可以获取运行版本的所有关键字。可用此方法将所有关键字输出，如图 2.25 所示。

图 2.25　编程输出 Python 3 的关键字

2.3.3　变量、赋值与输出

Python 中记录计算结果的机制称为变量。变量可以记录数据，每个变量都有一个名字，这个名字可以是一个合法的标识符。Python 中的变量赋值不需要类型声明，其基本形式是：

变量 = 表达式

其含义为将表达式的值赋给变量。

输出变量的值可使用 print() 函数。如 print(name) 可以输出变量 name 的值。

【例 2.1】　声明三个变量，分别为字符串、整型及浮点型数据。各自为其赋值后合并输出。其代码及运行结果如图 2.26 所示。

```
1  name="张二"        #字符串数据
2  num=123            #数字（整型）数据
3  grade=98.5         #浮点型数据
4  print(name,"的编号为",num,"，成绩为",grade)
5
```

Run: hello

D:\test\python\venv\Scripts\python.exe D:/test/python/hello.py
张三 的编号为 123 ，成绩为 98.5

图 2.26　赋值与输出

符号#及其后面的字符是注释内容，用于说明程序作用，解释器不执行注释内容。注意：变量在使用前必须先赋值，否则会报错。

2.3.4 标准数据类型

Python 有五个标准的数据类型。

（1）Numbers（数字）：可以细分为 int（有符号整型）、long[长整型（也可以代表八进制和十六进制）]、float（浮点型）和 complex（复数类型）。

（2）String（字符串）：字符的序列，一般用一对单引号或双引号把值括起来。

（3）List（列表）：是 Python 中使用最频繁的数据类型，列表中元素的类型可以不相同，可以是数字或字符串，也可以是列表。应用举例：list = [1,2,3,'hi']。

（4）Tuple（元组）：与列表类似，但列表的元素可以修改，元组的元素不能修改。元组可以存储整数、实数、字符串、列表、元组等任何类型的数据，并且在同一个元组中，元素的类型可以不同。应用举例：tuple = (1,"www.jetbrains.com", ("Python",3.0), [2,3,4])。

（5）Dictionary（字典）：也与列表类似，但列表是有序的对象集合，字典是无序的对象集合。字典的元素是通过键来存取的，而非索引位置信息。应用举例：dict={"name":"Angela", "age":18}。

【例 2.2】 声明三个变量，分别为列表、元组和字典数据。各自为其赋值后取值输出。其代码及运行结果如图 2.27 所示。

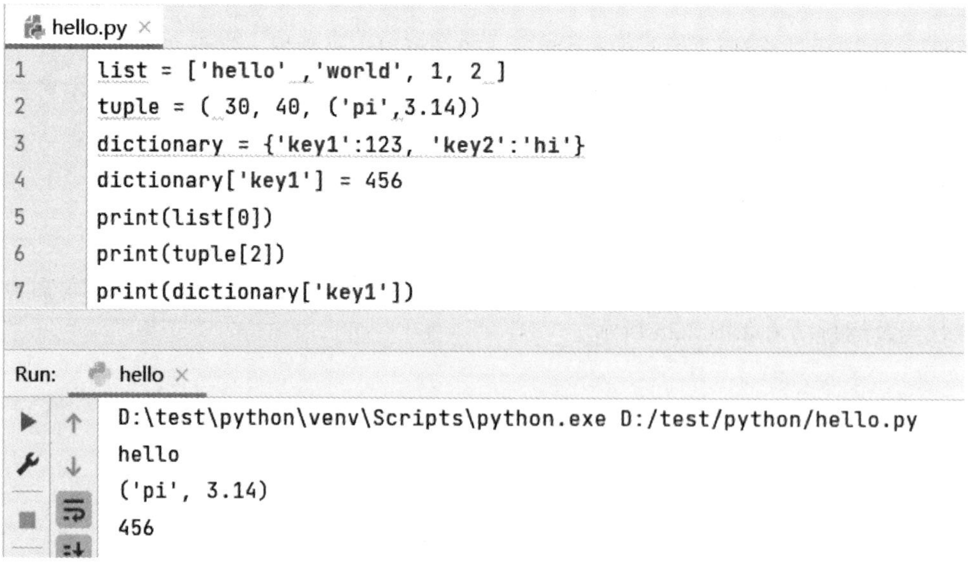

```python
list = ['hello' ,'world', 1, 2 ]
tuple = ( 30, 40, ('pi',3.14))
dictionary = {'key1':123, 'key2':'hi'}
dictionary['key1'] = 456
print(list[0])
print(tuple[2])
print(dictionary['key1'])
```

Run: hello ×

```
D:\test\python\venv\Scripts\python.exe D:/test/python/hello.py
hello
('pi', 3.14)
456
```

图 2.27 列表、元组和字典数据的应用

2.3.5 运算符

Python 3 提供了丰富的运算符，可对变量和值进行操作，分为赋值运算符、算术运算符、关系运算符、逻辑运算符、成员运算符、身份运算符和位运算符。主要运算符见表 2.1。

表 2.1　Python 的主要运算符

运算符		说明	示例
算术运算符	+，-	加法，减法	1+2 的结果为 3
	*，/	乘法，除法	1*2 的结果为 2
	%	求余/取模	1%2 的结果为 1
	**	幂运算	10**3 的结果为 1000
	//	取整除（向下取整）	1//2 的结果为 0，7//2 的结果为 3
关系运算符	==	等于	1==2 的结果为 False
	!=	不等于	1!=2 的结果为 True
	>，>=	大于，大于等于	1>2 的结果为 False，2>=1 的结果为 True
	<，<=	小于，小于等于	1<2 的结果为 True，2<=1 的结果为 False
逻辑运算符	and	逻辑与	（3>5）and（7>4）的结果为 False
	or	逻辑或	（1>2）or（3<5）的结果为 True
	not	逻辑非	not（3!=4）的结果为 False
成员运算符	in	如果在指定的序列中找到对应的值则返回 True，否则返回 False	a=1 b=10 list=[1,2,3,4,5] 则（a in list）的值为 True （b in list）的值为 False
	not in	如果未在指定的序列中找到对应的值则返回 True，否则返回 False	a=1 b=10 list=[1,2,3,4,5] 则（a not in list）的值为 False （b not in list）的值为 True

　　赋值运算符用于为变量赋值。主要使用"="结合算术运算符实现运算并赋值。如"a=5"实现将 5 赋值给变量 a，"a*=2"等价于"a=a*2"，即先运算 a*2，再将运算结果赋值给变量 a。

　　身份运算符用于比较对象。与成员运算符相似，有两个：is 和 is not。"a is b"为 True 时表示 a 和 b 是同一个对象。

　　位运算符用于比较二进制数字。其运算符有&、|、^、~、<<和>>，分别表示位与、位或、位异或、位非、位左移和位右移。其中，位与&、位或|和位非~与逻辑运算符相似，可将值 True 看作二进制数中的 1，False 为 0。位异或^则表示两个操作数中相同位相异时为 1，相同时为 0。位移运算"8>>2"表示将 8 的二进制数值右移两位结果为 2，"3<<1"表示将 3 的二进制数值左移一位结果为 6。

2.3.6　运算符优先级

　　当多种运算符同时出现在一个表达式中时，需要确定不同运算符的运算顺序，也就是运算符的优先级，以确保运算结果的正确性和唯一性。Python 的运算符优先级及描述见表 2.2。

表 2.2　Python 运算符优先级

运算符	描述	优先级
**	幂运算	从高到低
+、−、~	正负号、位非	
*、/、%、//	乘、除、求余、取整除	
+、−	加法、减法	
>>、<<	位右移、位左移	
&	位与	
^、|	位异或、位或	
<=、>=、<、>	小于等于、大于等于、小于、大于	
==、!=	等于、不等于	
=、%=、/=、//=、−=、+=、*=、**=	赋值运算符	
is、is not	身份运算符	
in、not in	成员运算符	
not、and、or	逻辑运算符	

2.3.7　基本输入和输出

编程离不开数据的输入和输出。

（1）基本输入：用户可以通过 input() 函数实现命令行数据的输入。

【例 2.3】　输入姓名后将其输出。其代码及运行结果如图 2.28 所示。

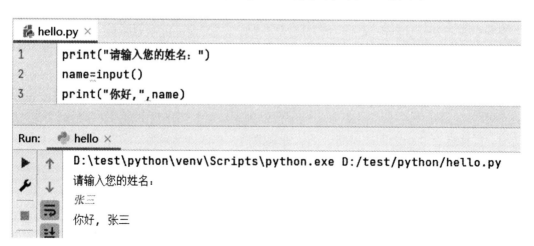

图 2.28　使用 input() 函数进行数据输入

（2）基本输出：用户可以通过 print()函数实现数据的输出。还可以通过与 C 语言相似的 %格式转换说明符进行格式化输出。

【例 2.4】 使用两种方式将字符串和数值变量输出，可以同时输出多个变量和字符串，还可以使用格式转换说明符按指定格式输出数据。其代码及运行结果如图 2.29 所示。

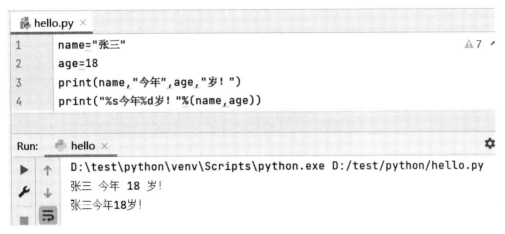

图 2.29 数据的输出

2.4 Python 的基本程序结构

程序结构是指程序中控制程序语句执行顺序的流程结构。基本的程序控制结构有顺序结构、选择结构和循环结构三种。

2.4.1 顺序结构

顺序结构是最简单的结构，按顺序依次执行每条语句。比如前面的例子从例 2.1 到例 2.4 都是采用了顺序结构，依次为变量赋值并输出。

2.4.2 选择结构

Python 选择结构是通过一条或多条语句的执行结果(True 或 False)来决定执行的代码块。if 语句流程控制过程如图 2.30 所示。

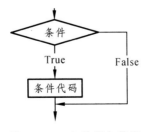

图 2.30 if 条件语句流程

其基本语法形式为

> if 条件表达式：
>
>   语句组

说明只要满足条件，则执行语句组的语句（可以是一条或多条），全部执行完毕后 if 语句结束；条件不满足时什么都不做，if 语句直接结束。

当非要两条路二选一时，使用 if else 语句，其流程如图 2.31 所示。

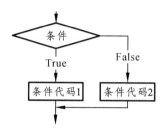

图 2.31　if else 语句流程

其基本语法形式为

> if 条件表达式：
>
>   语句组 1
>
> else：
>
>   语句组 2

【例 2.5】　假设当前温度是 32 ℃，当温度值超过 26 ℃ 时显示有点热，否则显示挺凉快。其代码及运行结果如图 2.32 所示。

图 2.32　if else 语句的应用

注意：Python 最具特色的就是使用缩进来表示代码块，不需要使用大括号 "{}"。缩进的空格数是可变的，但是同一个代码块的语句必须包含相同的缩进空格数。

if 语句可以嵌套，实现更复杂的分支控制。举例如下：

【例 2.6】　假设当前年份是 2022 年，判断该年是否是闰年。其代码及运行结果如图 2.33 所示。

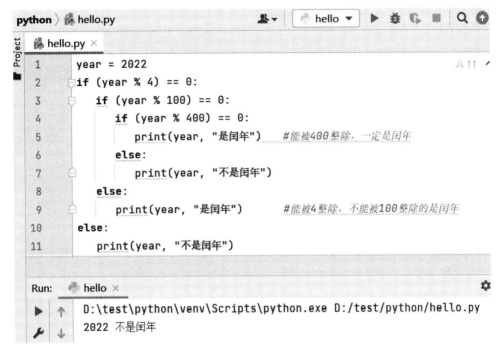

```
python > hello.py                                    hello    ▶ ☀ ▣ ■  Q ⊕
  hello.py ×
1    year = 2022                                                    ⚠ 11
2    if (year % 4) == 0:
3        if (year % 100) == 0:
4            if (year % 400) == 0:
5                print(year, "是闰年")      #能被400整除，一定是闰年
6            else:
7                print(year, "不是闰年")
8        else:
9            print(year, "是闰年")          #能被4整除，不能被100整除的是闰年
10   else:
11       print(year, "不是闰年")

Run:    hello ×
 ▶  ↑   D:\test\python\venv\Scripts\python.exe D:/test/python/hello.py
 🔧  ↓   2022 不是闰年
```

图 2.33　if else 嵌套语句的应用

2.4.3　循环结构

Python 语言中有两种循环语句：for 语句用于描述比较简单且规范的循环；while 语句用于描述一般的复杂循环。它们都能控制一个语句组的重复执行。

1. for 循环语句

for 语句使用一个循环控制器来控制循环的执行方式，一般用于遍历序列中的项目，流程如图 2.34 所示。

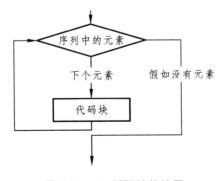

图 2.34　for 循环结构流程

其基本语法形式为

for 变量 in 迭代器：
　语句组

其中，for 和 in 是关键字，迭代器是其中最为关键的，它是 Python 语言中的一类重要机制，一个迭代器描述一个值序列。for语句可以让变量顺序取得迭代器所表示的值序列中的各个值，对每个值执行一次语句组。举例如下：

【例 2.7】 使用 for 循环遍历一个字符串。其代码及运行结果如图 2.35 所示。

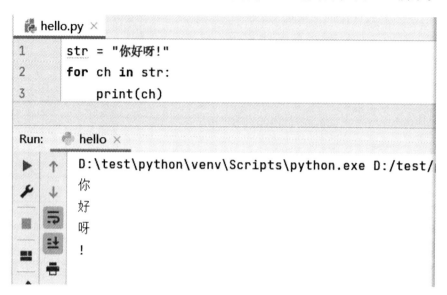

图 2.35　for 语句的应用

以上代码利用 for 循环将字符串中每个字符依次取出并输出。for 循环除了可以用于遍历元素外，也可用于序列数值的统计。range(m, n)得到的迭代器表示序列 m，m+1，m+2，…，n-1。举例如下：

【例 2.8】 实现计算 1 到 100 之间整数的总和。其代码及运行结果如图 2.36 所示。

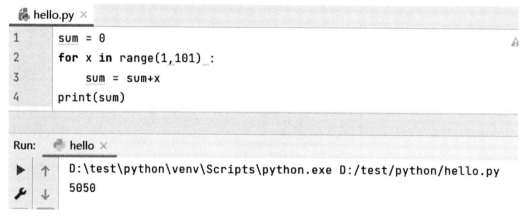

图 2.36　for 语句的应用

2. while 循环语句

while 表示逻辑条件的表达式控制循环，若条件成立则重复执行循环，直到条件不成立时循环结束。其流程如图 2.37 所示。

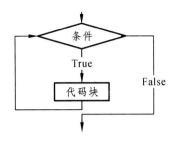

图 2.37 while 循环结构流程图

其基本语法形式为

while 表达式：
 语句组

【例 2.9】 计算一个整数的阶乘。其代码及运行结果如图 2.38 所示。

```python
print("请输入一个整数: ")
n=int(input())    #输入一个整数
item=1
i=1
while (i<=n):
    item *= i
    i=i+1
print(n,"的阶乘为",item)
```

```
D:\test\python\venv\Scripts\python.exe D:/test/python/hello.py
请输入一个整数：
10
10 的阶乘为 3628800
```

图 2.38 while 语句的应用

以上代码实现效果是计算 n 的阶乘。i 的作用是一个计数器，每次使用完毕后都在循环体中将 i 的值加 1，为下一次循环结构的执行做准备。一旦 i 值超过 n，则循环结束。

2.5 Python 函数

函数就是一段被封装起来的具有独立功能的代码。函数实现了代码的模块化，可重用。Python 提供了很多内置函数，使得开发更为便捷。用户也可以根据需要自行创建函数，这样的函数称为用户自定义函数。

其基本语法形式为

```
def  函数名( ):
   语句组
```

【例 2.10】 自定义一个函数，实现计算字符串的长度。其代码及运行结果如图 2.39 所示。

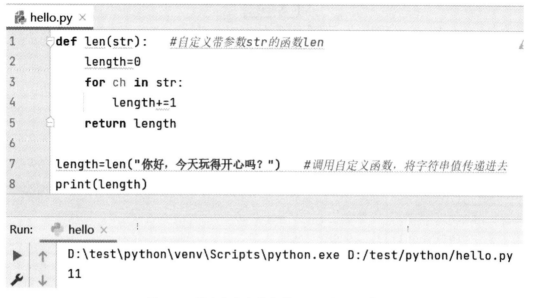

```
hello.py ×
1   def len(str):      #自定义带参数str的函数len
2       length=0
3       for ch in str:
4           length+=1
5       return length
6
7   length=len("你好，今天玩得开心吗？")      #调用自定义函数，将字符串值传递进去
8   print(length)

Run:    hello ×
▶    D:\test\python\venv\Scripts\python.exe D:/test/python/hello.py
     11
```

图 2.39　用户自定义带参数及返回值的函数

在例 2.10 中，用户自定义了一个函数 len 用于计算字符串 str 的长度。str 在该函数中被称作为参数，参数在函数中是可选的，可根据函数功能选择需要 0 个、1 个或多个。在函数 len 的最后，使用 return 语句将结果 length 返回，return 语句也不是必要的，可根据函数功能选择是否将数据返回，假如有值的返回，则该值将传递给调用位置。在本例中代码第 7 行调用了 len 函数并将函数返回值赋值给了 length，最后将其输出。

2.6　Python 库

Python 具有丰富且强大的类库，其计算生态包括标准库和第三方库，涵盖数据分析、数据可视化、文本处理、机器学习、网络爬虫、Web 信息提取、Web 网站开发、网络应用开发、图形用户界面、游戏开发、虚拟现实、图形艺术等多个领域。

例如针对网络爬虫应用，可使用 Requests 库以及 ScraPy 库；数据分析处理，常用 NumPy 库、SciPy 库及 Pandas 库；图形用户界面应用，可使用 PyQt5 库和 wxPython 库；游戏开发应用，常用 PyGame 库和 Panda3D 库等。下面重点介绍一个常用库 NumPy 以及 Matplotlib 的应用。

2.6.1　NumPy 库的介绍及安装

NumPy 是 Python 语言的一个开源数值计算扩展第三方库，用于处理数据类型相同的 n 维数组 ndarray，非常高效，可用来储存和处理大型矩阵。Numpy 提供了许多高级的数值编程工具，如矩形运算、矢量处理、傅里叶变换等。

安装该库时首先打开命令提示符，在提示符中输入"pip install numpy"即可使用 pip 工具进行安装。为了提升下载速度，可以使用国内镜像，如清华大学的 https://pypi.tuna.tsinghua.edu.cn/simple。图 2.40 演示了 Numpy 库的安装情况。

```
C:\WINDOWS\system32\cmd.exe                                          —    □    ×

C:\Users\bobo>pip install numpy https://pypi.tuna.tsinghua.edu.cn/simple
Collecting https://pypi.tuna.tsinghua.edu.cn/simple
  Downloading https://pypi.tuna.tsinghua.edu.cn/simple (26.5MB)
    100% |████████████████████████████████| 26.5MB 1.9MB/s
  Cannot unpack file C:\Users\bobo\AppData\Local\Temp\pip-unpack-1w7tnuef\simpl
e.htm (downloaded from C:\Users\bobo\AppData\Local\Temp\pip-req-build-prgprw4k,
 content-type: text/html); cannot detect archive format
Cannot determine archive format of C:\Users\bobo\AppData\Local\Temp\pip-req-bui
ld-prgprw4k
You are using pip version 10.0.1, however version 23.0.1 is available.
You should consider upgrading via the 'python -m pip install --upgrade pip' com
mand.

C:\Users\bobo>
```

图 2.40　安装 Nympy 库

当然，为了方便各种库的安装和管理，也可以直接安装 Anaconda。Anaconda 是一个开源的 Python 发行版本，其包含 conda、Python 等多个科学包及其依赖项。Anaconda 可以管理包，安装、更新、移除工具包，如 Numpy、SciPy、Pandas、Scikit-learn 等数据分析中常用的包；也可以管理环境，能够创建、访问、共享、移除环境，用于隔离不同项目所需要的不同版本的工具包。其下载选项如图 2.41 所示。

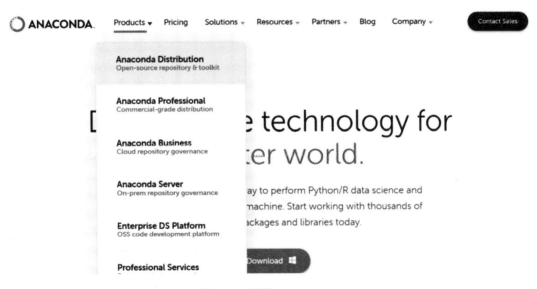

图 2.41　下载 Anaconda

在页面中找到对应系统的下载项，比如 Windows，可选择以下版本，如图 2.42 所示。

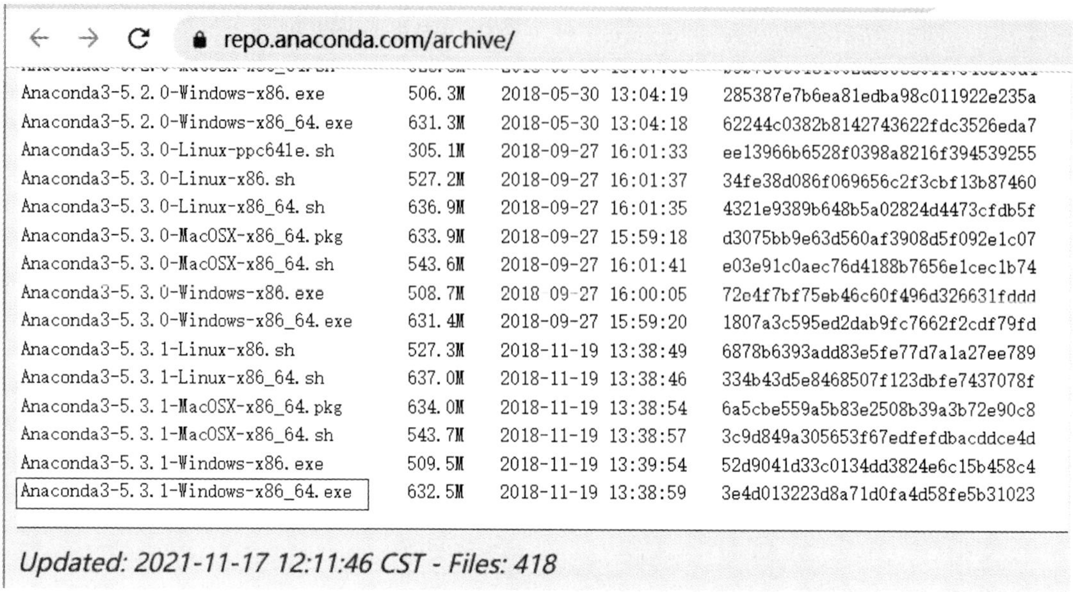

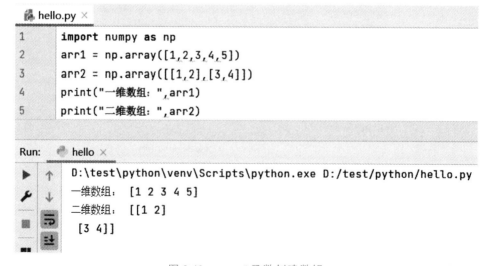

图 2.42　下载 Windows 版 Anaconda

安装好 Anaconda 后，只需要在 PyCharm 的 settings 项目中将所需要用的库加载进来即可直接使用。

2.6.2　NumPy 库的使用

开发人员使用 NumPy 可以实现数组的算数和逻辑运算、傅里叶变换、用于图形操作的例程、与线性代数有关的操作、生成随机数等。

对于 NumPy 的简单数组应用，可参考例 2.11 和 2.12。

【例 2.11】　使用 numpy 的 array()函数创建一个一维数组和一个二维数组，并输出。其代码及运行结果如图 2.43 所示。

```python
import numpy as np
arr1 = np.array([1,2,3,4,5])
arr2 = np.array([[1,2],[3,4]])
print("一维数组：",arr1)
print("二维数组：",arr2)
```

```
D:\test\python\venv\Scripts\python.exe D:/test/python/hello.py
一维数组： [1 2 3 4 5]
二维数组： [[1 2]
 [3 4]]
```

图 2.43　array()函数创建数组

【例 2.12】 通过 numpy 的 arange()、zeros()、ones()和 empty()函数分别创建一维数组、二维数组和三维数组，并输出。其代码及运行结果如图 2.44 所示。

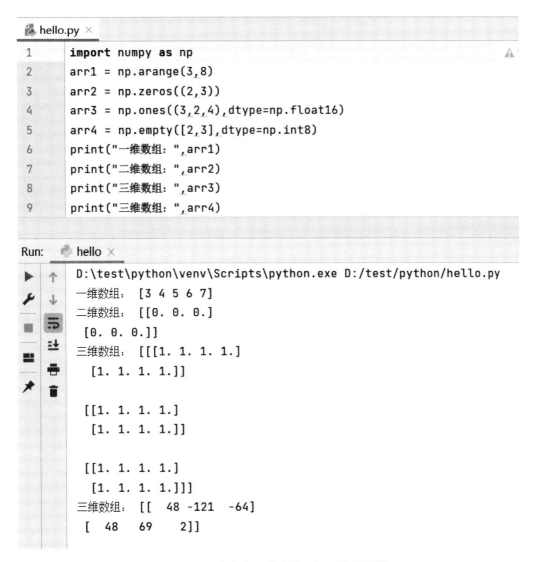

图 2.44　用户自定义带参数及返回值的函数

从例 2.12 可以看出，arange()函数可以通过两个参数指定一个数列的起止，并将其转化为一维数组；zeros()函数可以创建一个元素值全为 0 的数组，其维度可以通过参数来指定，如 zeros(2,3)创建了一个逻辑上呈两行三列的二维数组；ones()函数和 zeros()的区别在于元素值为 1，其参数也可以指定数组的维度。另外，empty()函数可以创建拥有随机数的数组，其第二个参数 dtype 可以指定元素的数据类型。假如不对 dtype 进行设定，默认都是小数。

【例 2.13】 使用 numpy 的 reshape()函数及 ravel()函数对二维数组进行变形。其代码及运行结果如图 2.45 所示。

```
hello.py ×
1    import numpy as np
2    arr1 = np.array([(1,2,3),(4,5,6)])
3    arr2 = arr1.reshape(3,2)
4    arr3 = arr1.ravel()
5    print("原始数组: ",arr1)
6    print("重置形状: ",arr2)
7    print("展平: ",arr3)
```

```
Run:    hello ×
    D:\test\python\venv\Scripts\python.exe D:/test/python/hello.py
    原始数组: [[1 2 3]
     [4 5 6]]
    重置形状: [[1 2]
     [3 4]
     [5 6]]
    展平: [1 2 3 4 5 6]
```

图 2.45　对二维数组进行变形

2.6.3　Matplotlib 库的简单应用

　　Matplotlib 库是一个二维绘图库，由各种可视化类构成。matplotlib.pyplot 是绘制各类可视化图形的命令子库，相当于其快捷方式。下面举例说明如何绘制图形。

　　【例 2.14】　使用 matplotlib.pyploth 绘制正弦曲线，其代码及运行结果如图 2.46 所示。

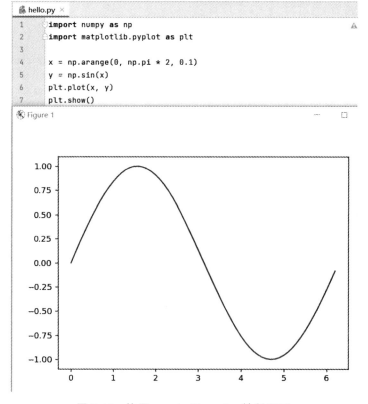

图 2.46　使用 matplotlib.pyplot 绘制正圆

先将 atplotlib.pyplot 导入，分别设置 x 与 y 轴坐标，再利用 plot() 函数进行绘制，最后通过 show() 将图形显示。

【例 2.15】 使用 matplotlib.pyploth 绘制正圆，其代码及运行结果如图 2.47 所示。

```python
import numpy as np
import matplotlib.pyplot as plt
def circle( x, y, r):
    plt.xlabel('x')
    plt.ylabel('y')
    a = np.arange(x - r, x + r, 0.000001)
    b = np.sqrt(np.power(r, 2) - np.power((a - x), 2)) + y
    plt.plot(a, b, c='k')
    plt.plot(a, -b, c='k')
    plt.show()
circle(0, 0, 5)
```

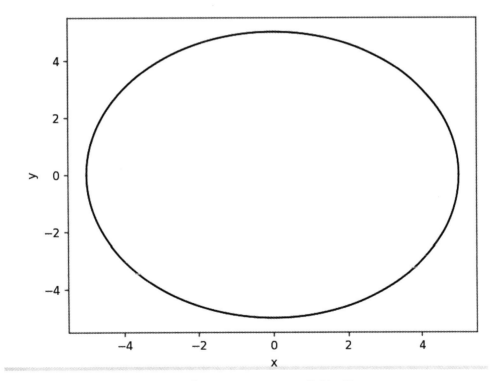

图 2.47　使用 matplotlib.pyplot 绘制正圆

定义一个 circle() 函数，参数 x 和 y 是其圆心坐标，r 为半径，计算出绘制圆的坐标(a,b)，通过 matplotlib.pyplot 的 plot() 函数将这些点绘制出来。

2.7　TensorFlow 框架

TensorFlow 是一种在大规模和异构环境中运行的机器学习系统，是当前最流行的深度学习框架之一。TensorFlow 使用数据流计算图来表示计算、共享状态以及使该状态发生突变的运算。它在集群中的许多机器之间以及一台机器中的多个计算设备之间映射数据流计算图的节点，这些计算设备包括多核 CPU、通用 GPU 和称为张量处理单元（TPU）的定制设计 ASIC。早在 2015 年 11 月，TensorFlow 就依据阿帕奇授权协议开放了源代码，其前身是 Google 的神经网络算法库 DistBelief。

在 TensorFlow 中，使用 CPU 和 GPU 的主要区别在于运算速度。GPU 拥有大量的计算核心和专业的并行计算架构，在进行大规模的并行计算任务时，如图像处理、视频编解码、深度学习等，GPU 的运算速度比 CPU 快很多。而 CPU 的设计目标是全能，对于复杂、分支较多的任务，CPU 的性能比 GPU 更加优秀。

下面介绍如何搭建 CPU 版本的 TensorFlow 开发环境。

2.7.1　使用 Anaconda 安装 TensorFlow

根据 2.6.1 小节的教程安装好 Anaconda 后，启动 Anaconda Navigator，主界面如图 2.48 所示。

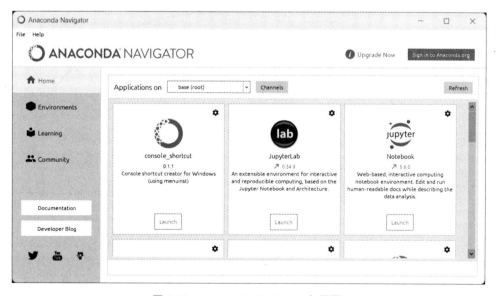

图 2.48　Anaconda Navigator 主界面

假如 Anaconda Navigator 一直处于 loading 状态而无法进入主界面，可尝试在 Anaconda 的安装目录处找到 conda_api.py 文件，将 "data = yaml.load(f)" 改为 "data = yaml.safeload(f)"，再次重新启动 Anaconda Navigator。

Anaconda 默认的环境是 "base(root)"，也可以新建环境。在界面中点击 "create" 选项，在弹出对话框创建名为 "TensorFlow" 的环境，配置其 Python 版本为 3.7，如图 2.49 所示。

图 2.49　在 Anaconda Navigator 中新建环境

打开命令提示符窗口，输入"activate tensorflow"即可进入刚才新建的 TensorFlow 环境，如图 2.50 所示。

```
C:\Users\bobo>activate tensorflow

(tensorflow) C:\Users\bobo>
```

图 2.50　通过命令提示符进入新建环境

使用清华镜像安装 1.13.1 版本的 TensorFlow 及其相关依赖，输入命令"pip install tensorflow==1.13.1 -i https://pypi.tuna.tsinghua.edu.cn/simple"，如图 2.51 所示。

```
(TensorFlow) C:\Users\bobo>pip install tensorflow==1.13.1 -i https://pypi.tuna.tsinghua.edu.cn/simple
Looking in indexes: https://pypi.tuna.tsinghua.edu.cn/simple
Collecting tensorflow==1.13.1
  Downloading https://pypi.tuna.tsinghua.edu.cn/packages/7b/14/e4538c2bc3ae9f4ce6f6ce7ef1180da05abc4a617
d0d/tensorflow-1.13.1-cp37-cp37m-win_amd64.whl (63.1 MB)
                                                63.1/63.1 MB               eta 0:00:00
```

图 2.51　通过镜像安装 CPU 版本的 TensorFlow 以及相关依赖

安装完毕后，可输入"python"命令进入 Python 环境，输入"import tensorflow as tf"命令做导入测试。如无报错，说明 TensorFlow 安装成功，如图 2.52 所示。

```
(TensorFlow) C:\Users\bobo>python
Python 3.7.16 (default, Jan 17 2023, 16:06:28) [MSC v.1916 64 bit (AMD64)] :: Anaconda, Inc. on win32
Type "help", "copyright", "credits" or "license" for more information.
>>> import tensorflow as tf
>>>
```

图 2.52　测试 TensorFlow 的安装是否成功

注意：TensorFlow 要求所安装 Python 的版本必须与其匹配，否则无法正常使用。具体版本匹配信息可以在 TensorFlow 官网查询。假如在运行安装检测命令时报出与 np 相关的警告信息，可将原高版本 numpy 卸载并重新安装为更低的 1.16 版本。

2.7.2　在 PyCharm 上配置和导入 TensorFlow

要在 PyCharm 环境中使用刚才安装的 TensorFlow，还需要进行配置。

打开 PyCharm，在菜单"File"中选择"settings"，点击"Python Interpreter"右侧的图标并选择"Add"，在弹出的对话框中将 Conda 环境"Existing environment"中"Conda executable"的值重设为安装了 TensorFlow 的 Anaconda 路径，如图 2.53 所示。

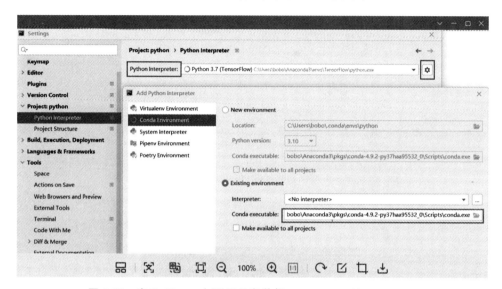

图 2.53　在 PyCharm 上配置已安装好 TensorFlow 的 Anaconda

配置完成后即可在 PyCharm 成功导入 TensorFlow。

习　题

1. 请输出所有能被 3 整除的两位数。
2. 请输出斐波那契数列。
3. 请输出乘法口诀表。
4. 请将一个 3*4 的矩阵进行转置。
5. 请在(1,1)位置绘制一个半径为 3 的红色正圆。

第 3 章　机器学习算法

机器学习是一门多领域交叉学科，涉及概率论、统计学、逼近论、凸分析、算法复杂度理论等多门学科，专门研究计算机怎样模拟或实现人类的学习行为，以获取新的知识或技能，重新组织已有的知识结构使之不断改善自身的性能。它是人工智能核心，是使计算机具有智能的根本途径。

究竟什么是机器学习呢？我们还是要从计算机的发展历史来看，这样我们就能更直观地理解机器学习。首先机器学习是计算机技术的一个领域。计算机俗称电脑，是电子的大脑，这个名字也寓意着人们希望计算机能从事一些脑力劳动。我们来看一下人们利用计算机解决问题的一个发展历程，如图 3.1 所示。

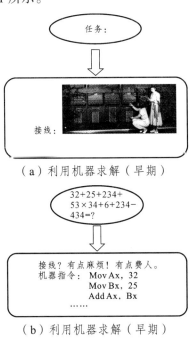

（a）利用机器求解（早期）

（b）利用机器求解（早期）

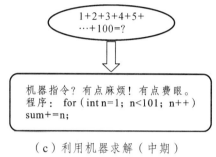

（c）利用机器求解（中期）

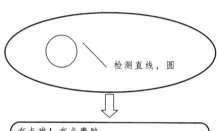

（d）利用机器求解（中期）

（e）利用机器求解（当前）

图 3.1　利用机器求解问题的不同阶段

　　从图 3.1 可以看到，随着技术的发展，人们对计算机的要求也越来越高。于是，机器学习自然而然出现了。机器学习简而言之，就是让机器具有学习的能力，能自己从数据中总结规则、规律并应用的技术。

　　从应用的需求来分类的话，机器学习可以分为分类、聚类和回归。从学习方式来分类的话，机器学习可以分为有监督学习、无监督学习和半监督学习。从智能的理解和现实问题的解决方法演变，机器学习又可分为符号主义、贝叶斯、联结主义、进化主义、行为类推主义五大流派。机器学习分类的方案非常多，每一种分类都不是绝对的，都会有很多交叉的内容。机器学习的内容非常多，限于篇幅所限，本章只能介绍一些常用的机器学习算法。

3.1　回　归

【例 3.1】　张大三对儿子张小三说：你如果考试不及格，压岁钱就没有啦。你如果考了80 分，压岁钱有 20 元。如果考了 90 分，压岁钱有 30 元。现在你考了 95 分，压岁钱有多少？

张小三说：我会呀。

设 x 为分数，y 为压岁钱。假设 y=ax+b，则有 0=a*60+b，20=a*80+b，30=a*90+b。

解出 a=1，b=-60 后，代入 x=95 就可以得到 y=35 了。

张大三：说对的。实际上我们也可以用机器学习的方法自动找到这个规律。

sklearn 包中的 LinearRegression（线性回归模型）就可以很轻松地完成这件事情。只要告诉它 x 和 y，它就会自动地寻找 x 和 y 之间的线性关系。代码如下：

```
import numpy as np
from sklearn.linear_model import LinearRegression


X=np.array([[60],[80],[90]])
Y=np.array([0,20,30])


model = LinearRegression()
model.fit(X,Y)


print(model.coef_)
print(model.intercept_)
print(model.predict([[95]]))
```

【例 3.2】　张大三又对儿子张小三说：你如果考试不及格，压岁钱就没有啦。你如果数学考了 80 分，语文考了 80 分，压岁钱有 20 元。如果数学 90 分，语文 85 分，压岁钱有 30 元。如果数学 85 分，语文 90 分，压岁钱有 35 元。如果数学 90 分，语文 90 分，压岁钱有 40 元。现在你数学 95 分，语文 95 分，压岁钱有多少？

张小三说：这个有点难，大概应该是：

设 x1、x2 为数学和语文分数，y 为压岁钱，假设 y=a1x1+a2x2+b。

做着做着，张小二说：这个好像解不出来呀？方程无解。

张大三说：那你能大致估计一下你的压岁钱吗？

张小三说：大致的也不好估计。

张大三说：让机器学习算法 linear regression 显威力，代码如下，基本相同的代码（除了x、y 的值变了），这一回又轻松计算出了张小三的压岁钱。

张小三说：linear regression 真强大呀。

```
X=np.array([[60,60],[80,80],[90,85],[85,90],[90,90]])
Y=np.array([0,20,30,35,40])
```

```
model = LinearRegression()
model.fit(X,Y)

print(model.coef_)
print(model.intercept_)
print(model.predict([[95,95]]))
```

线性回归（Linear Regression）：在统计学中，线性回归是利用称为线性回归方程的最小二乘函数对一个或多个自变量和因变量之间关系进行建模的一种回归分析。这种函数是一个或多个称为回归系数的模型参数的线性组合。只有一个自变量的情况称为一元回归（见图3.2），大于一个自变量情况的叫作多元回归（Multivariable Linear Regression）。

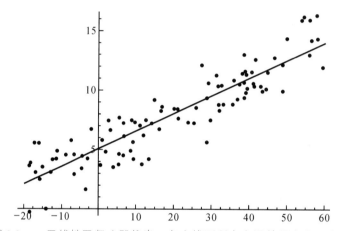

图 3.2　一元线性回归（即找出一条直线到所有点误差平方和最小）

已知 X=[x1,x2,…,xn]，Y=[y1,y2,…,yn]，其中 xi 可以是高维向量，则线性回归即为找到一个线性方程 y=wx+b，使得式（3.1）所定义的误差最小，其中 $y_i^{\hat{}}$ 是预测值

$$loss = \sum_{i=1}^{n}(y_i^{\hat{}} - y_i)^2 = \sum_{i=1}^{n}(wx_i + b^{\hat{}} - y_i)^2 \qquad (3.1)$$

针对此问题，可以采用梯度下降法、极值点导数为零等方法求解。为简化计算，可以令 x*=[x; 1]，w*=[w, b]，则 y=w*x*。那么 Y=w*X*。w*=YX*$^{-1}$，即通过将 x 升维，简化表达形式，然后矩阵求逆/伪逆，也可以求得系数矩阵。各位感兴趣的同学可以自行查阅资料。

【例 3.3】　张小三高兴地告诉他朋友李小四，他学习了线性回归模型，好强大呀。李小四说，真的吗，我这有道物理题：已知物体大致为匀加速运动，时间 t=0s、位移 s=0m，时间 t=5s、位移 s=10m，时间 t=10s、位移 s=30m，问 t=20s 时刻位移是多少？

张小三想了想说：线性回归模型只能处理线性的。在这里 s 和 t 是非线性的关系，线性回归模型处理不了这类问题。

张大三听见了笑着说：儿子，非线性的也可以转成线性的哦。

张小三说：好神奇呀。

张大三说：你想一想人们在解决大部分数学问题时，实际上最后都是做加减乘除。而乘除法又由加减法得到，减法又可以由加法得到。所以非线性问题可以转成线性问题也是件很正常的事情。代码如下：

```
t=np.array([[0,0],[5,25],[10,100]])
s=np.array([0,10,30])


model = LinearRegression()
model.fit(t,s)
print(model.coef_)
print(model.intercept_)
print(model.predict([[20,20*20]]))
```

【例 3.4】 张小三说：线性回归这么强大，以后拿到数据，我就直接套用它来训练和预测。一技在手，走遍天下都不怕。

张大三说：那可不行。没有一个模型能够适用所有数据。

张小三说：那我怎么知道这个模型适不适合我的数据呢？

张大三说：科学家研究出多个指标，用来描述线性回归模型适不适合数据。其中有一个指标称作 R^2 Score=D(y_predict)/D(y)。式中 y_predict 表示预测的 y 值，D 表示方差，即预测的 y 值的方差与真实的 y 值的方差的比。如果预测完全没有误差，则有 R^2 Score=1。如果完全没法预测，那么 R^2 Score 会非常小。所以我们可以通过 R^2 Score 来判断 y 和 x 之间有没有关系。代码如下：

```
from sklearn.metrics import r2_score


model = LinearRegression()
model.fit(X,Y)
Y_predict=model.predict(X)
print(r2_score(Y,Y_predict ))
```

代入前面几个数据，我们发现算出的 R2 Score 都接近于 1，这就表示它们之间确实存在线性关系。

张大三说：科学家还发明了很多变形的算法，例如岭回归（式 3.2）、lasso 回归（式 3.3）等，用来寻找自变量和因变量之间的线性关系。

$$\text{loss} = \sum_{i=1}^{n} (w^* x_i^* - y_i)^2 + \frac{1}{2}\alpha \parallel w^* \parallel_2 \tag{3.2}$$

$$\text{loss} = \sum_{i=1}^{n} (w^* x_i^* - y_i)^2 + \alpha \parallel w^* \parallel_1 \tag{3.3}$$

岭回归和 lasso 回归都加入正则项/惩罚项，希望能去除无关的因素（即系数为 0）。Ridge 回归的正则项/惩罚项是 L2 范数，而 Lasso 回归的正则项/惩罚项是 L1 范数。Lasso 回归会使尽可能多的系数等于 0，有助于降低模型复杂度和多重共线性。Ridge 回归在不抛弃任何一个特征的情况下，缩小了回归系数，使得模型相对而言比较稳定，但与 Lasso 回归相比，这会使得模型的特征留得特别多，模型解释性差。

```python
from sklearn.linear_model import Ridge
from sklearn.linear_model import Lasso

X=np.random.rand(100,10)  #100 个样本，10 维数据
Y=X[:,0]+3*X[:,1]-X[:,2]+0.1*np.random.rand(100,)  # y 和 x0,x1,x2 相关

model = LinearRegression()
model.fit(X,Y)
print(model.coef_)

ridge = Ridge()
ridge.fit(X, Y)
print(ridge.coef_)

lasso = Lasso(alpha = 0.01)
lasso.fit(X, Y)
print(lasso.coef_)
```

运行结果：

```
Linear regression
[ 0.99582615  2.98636404 -0.98546162  0.01262543  0.00573643 -0.03116954
 -0.01337808  0.01440842  0.01141076  0.00968374]

Ridge regression
[ 0.85826921  2.6152708  -0.88591806 -0.04897477  0.03976971 -0.02721379
 -0.05398731  0.03402528  0.03332955  0.00392979]

Lasso regression
[ 0.85671112  2.8496681  -0.87509671 -0.        0.       -0.
 -0.       -0.        0.       -0.        ]
```

在此实验中，X 包含 100 个 10 维样本，变量 y 与 x0、x1、x2 相关，且加入一些小的噪声。我们采用了不同的回归算法，其代码和结果如上，可以看到在 Lasso regression 中，大量系数都是 0，这就可以去除无关的因素。

小结：事实上，只要对变量做取对数、取指数、开方、立方等处理，线性回归也可以自动寻找到各种各样的非线性关系。每次运用完线性回归模型之后，我们要仔细观察一下回归的系数及截距，这些变量揭示了数据中一些很重要的规律。例如当回归系数接近于零时，表

示对应的特征对 y 没有作用，因此，就可以把这一维特征去掉，重新计算线性回归模型。如此多次迭代，得到最终模型。线性规划模型还有非常多的变形，如 logistic 回归、岭回归、lasso 回归等，每种算法都有不同的应用场合。

3.2 聚 类

【例 3.5】 张大三对张小三和李小四说。你知道鸡、狗、狼、狐狸、羊、鸭、牛、马、鹅，骆驼这几种动物要聚成三类，应该是什么样的吗？

张小三和李小四都抢着回答：这个我知道，狗、狼、狐狸是一类；鸡、鸭、鹅是一类；牛、马、羊、骆驼是一类。

张大三又问：那你们为什么这样聚类呢？

张小三说：我把像狗的都聚在一起，像鸡的聚在一起，像马的聚在一起，就成了这三类。

李小四说：我首先觉得鸭和鹅很像。我把它们两个当成一类。接下来我觉得狗和狼非常像，我把它们也当成一类。然后我觉得狐狸和狗、狼比较像，于是狐狸和狗、狼三种动物聚成一类。重复这个过程我就得到了这三类。

张大三很高兴地说：你们两个都是聪明的孩子。

【例 3.6】 张大三又对张小三和李小四说，今天教你一些新的机器学习算法，首先，你知道下面这些点应该聚成几类吗？每一类应该包含哪些点？你能找到规律吗？

[6.24,8.57], [-3.2,-0.88], [-2.7,0.45], [7.06,5.51], [7.5,6.18], [8.98,7.79], [-0.3,5.05], [6.61,7.3], [-3.56,0.06], [0.47,2.62], [-3.44,2.19], [0.74,3.81], [-5.37,0.01], [-5.21,-0.5], [1.9,5.87], [-4.95,-0.01], [0.97,3.69], [0.93,3.54], [6.94,6.9], [1.07,3.76]

张小三和李小四说有点眼花。

张大三说：那你可以把它们画出来看看有什么规律。

张小三说：好的，那我画出来。当张小三画出来之后说，我觉得应该聚成三类，如图 3.3 所示。

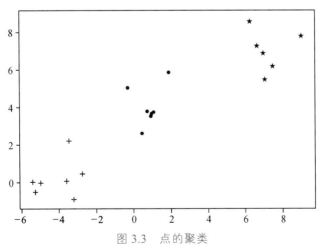

图 3.3　点的聚类

李小四挠了挠头说：如果数据再多点，维度再高点，就画不出来，就不知道怎么聚类喽。那时候应该怎么办呢？

张大三说：针对这个简单数据，你为什么聚成三类呢？回忆一下你们刚才怎么对动物进行聚类的呢？

张小三说：我好像明白一点点了，但还不是特别清楚。

张大三说：我们可以根据刚才你们对动物聚类的想法（见图 3.4 和图 3.5），让机器自己学习数据的规律并聚类。

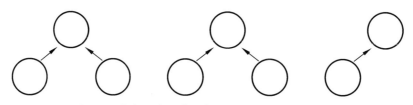

图 3.4　张小三的聚类思想：选取中心，然后聚类

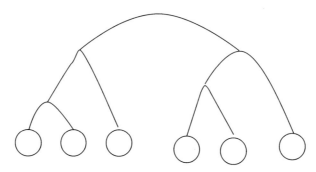

图 3.5　李小四的聚类思想：每次把最近的两类聚合在一起

张小三说：如果是动物，我觉得可以找到每一类的代表。但如果说是平面上的一群点，怎么找到代表呢？

李小四说：能不能用这群点的中心去代表它们呢？

张小三说：那在开始阶段怎么知道哪一堆点是一类呢？

李小四挠挠头说：嗯，这个我也不知道啦。

张大三说：实际上我们可以采用迭代不断修正的方式来解决这个问题。首先我们随机选几个代表点，然后把其他点归入这几个代表点，这样每个点就有了类别。然后我们让每一类点重新选举它们的代表点。不断重复这个过程就好了。

科学家已经开发出相应的机器学习算法，可以学习各种各样的数据聚类，而不用人们自己去手动写规则。接下来让我们看看吧。

首先我们做一些数据集来为后续的实验做准备。

```python
import numpy as np
from sklearn import datasets
from sklearn.datasets import make_blobs


def LoadData(datasetName):
```

```
X=Y=None
if datasetName=='k6':
    X, Y = make_blobs(n_samples=100, n_features=5, centers=6,random_state=3)
if datasetName == 'Iris':
    sample = datasets.load_iris()
    X = sample.data
    Y = sample.target
if datasetName == 'Wine':
    sample = datasets.load_wine()
    X = sample.data
    Y = sample.target
if datasetName == 'Digits':
    sample = datasets.load_digits()
    X = sample.data
    Y = sample.target
if not Y is None:
    print('nX=',X.shape[0],' nF=',X.shape[1],' k=',len(set(Y)))
    print('cluster size=',np.bincount(Y))

return [X,Y]
```

由于篇幅所限，这里仅介绍两个在本章中比较重要的数据集，其他的数据集由大家自己去测试。

（1）模拟数据集 k6：采用 make_blobs 函数来生成 100 个样本，每个样本维度为 5，一共 6 类。

（2）sklearn 中内置小型数据库——鸢尾花数据集 Iris（见表 3.1）：这是一个很常用的数据集，在此数据集中它有 3 个类别，分别是山鸢尾（Iris-setosa）、杂色鸢尾（Iris-versicolor）和维吉尼亚鸢（Iris-virginica）；4 个特征，分别是萼片和花瓣的长度、宽度，类型都是 float 类型。鸢尾花数据集总共有 150 样本。

表 3.1　Iris 数据集

列名	说明	类型
SepalLength	花萼长度	float
SepalWidth	花萼宽度	float
PetalLength	花瓣长度	float
PetalWidth	花瓣宽度	float
Class	类别变量。0 表示山鸢尾，1 表示变色鸢尾，2 表示维吉尼亚鸢尾	int

接下来，我们给出一个画出样本类别分布图的函数 PlotClusters（见图 3.6），代码如下：

```python
import matplotlib.pyplot as plt
import pandas as pd

def PlotClusters(X,Y):
    colors = ['r','g', 'b','c','m', 'y']
    markers=['.','+','*','x','d']
    labels=pd.value_counts(Y)
    for i in range(len(labels)):
        clusterID=labels.index[i]
        idx=np.where(Y==clusterID)
        plt.scatter(X[idx,0],X[idx,1],c=colors[clusterID%len(colors)],
        marker=markers[clusterID%len(markers)])

    plt.show()
```

```python
[X,Y]=LoadData('k6')
PlotClusters(X,Y)

[X,Y]=LoadData('Iris')
PlotClusters(X,Y)
```

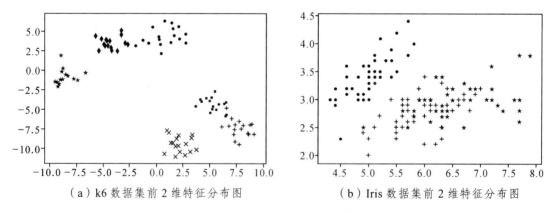

（a）k6 数据集前 2 维特征分布图　　　　（b）Iris 数据集前 2 维特征分布图

图 3.6　数据集 k6 与 Iris 的特征分布图

3.2.1　K-Means 聚类算法的思想与原理

1976 年，J.B. MacQueen 提出的 K-Means 算法是目前为止在工业和科学应用中一种极有影响的聚类技术。此外，K-Means 算法是一种常用于划分的聚类分析方法，这种聚类方法的目标就是根据输入的参数 k，把数据对象自动聚成 k 个簇。该算法的基本思想是：首先，指定需要划分的簇的个数 k 值；接着，随机选取 k 个初始点作为最开始的类代表点/类中心；随后，计算各个数据对象到这 k 个类代表点/类中心的距离，把数据对象归到离自身最近的类代表点所在的簇类；最后，调整新类并计算出新类代表点/类中心，如果两次计算出来的聚类一样，就可以说明数据对象调整过程已经结束，即聚类所用准则函数收敛，算法结束。

算法伪代码：

随机选择 k 个点作为初始类代表点

Repeat

　　　　将每个点指派到最近的类代表点，形成 k 个簇

　　　　重新计算每个簇的中心作为类代表点

Until 簇不发生变化或达到最大迭代次数

K-Means 的聚类过程如图 3.7 所示。"×"是类代表点/类中心。（a）是原始的数据点。（b）中随机选了两个聚类代表点。（d）是最终稳定的聚类中心与结果。

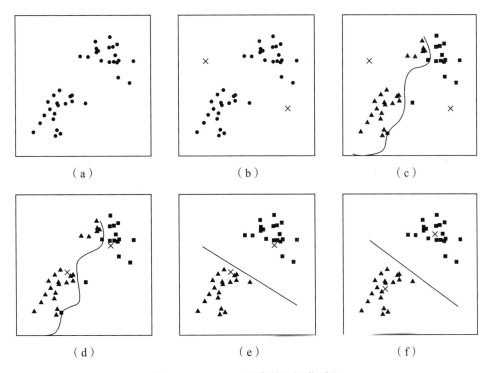

图 3.7　K-Means 聚类的可视化过程

调用 sklearn 的 KMeans，代码如下，结果如图 3.8 所示。

```
from sklearn.cluster import KMeans
[X,Y]=LoadData('k6')
kmeans = KMeans(n_clusters=6).fit(X)
PlotClusters(X,kmeans.labels_)
```

```
[X,Y]=LoadData('Iris')
kmeans = KMeans(n_clusters=3).fit(X)
PlotClusters(X,kmeans.labels_)
```

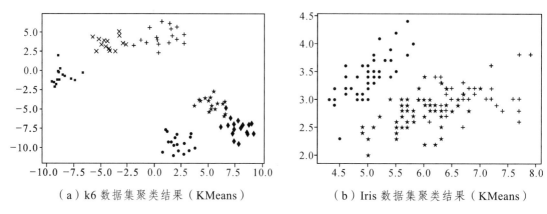

（a）k6 数据集聚类结果（KMeans）　　　（b）Iris 数据集聚类结果（KMeans）

图 3.8　k6 数据集和 Iris 数据集聚类结果（K-Means 聚类）

3.2.2　层次聚类算法的思想

层次聚类(Hierarchical Clustering)是聚类算法的一种，通过计算不同类别的相似度类创建一个有层次的嵌套的树。假设有 n 个待聚类的样本，对于层次聚类算法，它的算法是：

算法伪代码：

（初始化）将每个样本都视为一个类；

Repeat

　　　计算各个聚类之间的相似度/距离；

　　　寻找最近的两个类，将它们归为一类；

Until 所有样本归为一类

调用 sklearn 的 AgglomerativeClustering，代码如下，结果如图 3.9 所示。

```
from sklearn.cluster import AgglomerativeClustering

[X,Y]=LoadData('k6')
labels=AgglomerativeClustering(n_clusters=6).fit_predict(X)
PlotClusters(X,labels)

[X,Y]=LoadData('Iris')
labels=AgglomerativeClustering(n_clusters=3).fit_predict(X)
PlotClusters(X,labels)
```

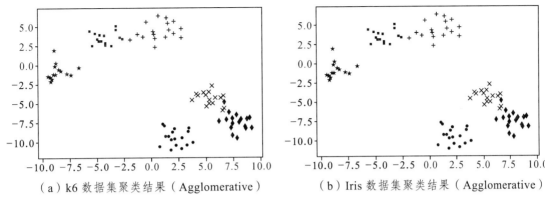

（a）k6 数据集聚类结果（Agglomerative）　　　（b）Iris 数据集聚类结果（Agglomerative）

图 3.9　k6 数据集和 Iris 数据集聚类结果（层次聚类）

在 Python 的 sklearn 数据包中提供了非常多的聚类算法。这些聚类算法的比较见表 3.2。

表 3.2　不同聚类算法的比较

方法名称	参数	可扩展性	应用场景	几何关系 （使用的度量）
K-Means	簇的数量	适用于非常大的样本数，中等数量的簇数，使用 MiniBatch 代码	通用，簇大小均匀，平坦几何，簇数量不过多，归纳	点之间的距离
Affinity propagation	阻尼，样本偏好	样本数不可扩展	许多簇，簇大小不均匀，非平坦几何，归纳	图距离 （例如最近邻图）
Mean-shift	带宽	样本数不可扩展	许多簇，簇大小不均匀，非平坦几何，归纳	点之间的距离
Spectral clustering	簇的数量	中等数量的样本数，小数量的簇数	少量簇，簇大小均匀，非平坦几何，推导	图距离 （例如最近邻图）
Ward hierarchical clustering	簇的数量或距离阈值	非常大的样本数和簇数	许多簇，可能有连接性约束，推导	点之间的距离
Agglomerative clustering	簇的数量或距离阈值，连接类型，距离	非常大的样本数和簇数	许多簇，可能有连接性约束，非欧几里得距离，推导	任意两点间距离
DBSCAN	邻域大小	非第大的样本数，中等数量的簇数	非平坦几何，簇大小不均匀，异常值移除，推导	最近点之间的距离
HDBSCAN	最小簇成员数，最小点邻居数	大的样本数，中等数量的簇数	非平坦几何，簇大小不均匀，异常值移除，推导，分层，可变簇密度	最近点之间的距离
OPTICS	最小簇成员数	非常大的样本数，大数量的簇数	非平坦几何，簇大小不均匀，可变簇密度，异常值移除，推导	点之间的距离
Gaussian mixtures	许多	不可扩展	平坦几何，适用于密度估计，推导	到中心的马氏距离
BIRCH	分支因子，阈值，可选全局聚类器	大数量的簇数和样本数	大数据集，异常值移除，数据降维，推导	点之间的欧氏距离
Bisecting K-Means	簇的数量	非常大的样本数，中等数量的簇数	通用，簇大小均匀，平坦几何，无空簇，推导，分层	点之间的距离

小结：现在研究人员开发出了非常多的聚类算法，如高斯混合聚类、谱聚类、密度聚类等，以适用不同领域的数据。实际上就算是在 K-Means 和层次聚类中，也有很多参数可以选择。例如我们可以选择距离来聚类，也可以选择相似性来聚类。距离又有欧式距离、曼哈顿距离、切比雪夫距离、闵可夫斯基距离等。相似性包括皮尔逊相似性、余弦相似性等。因此要用好聚类，还是需要对数据比较熟悉。

3.3　分　类

【例 3.7】　张大三问张小三和李小四：你们知道图 3.10 上动物的名字吗？

图 3.10　不知名动物

张小三和李小四说：不知道。

张大三：那你们知道它大概是什么动物吗？

张小三说：看起来……想到一种猴子。

李小四说：应该是鸟。

张小三笑着说：难道就是传说中的猴鸟？或鸟猴？

张大三说：你们怎么判断它是鸟的？

张小三说：因为他和我们见过的麻雀鸽子比较像，所以应该是鸟。

张大三说：对的。我们人类碰到未知的事物时，想把它归类到已知的种类中。就要看看它和哪些个体比较相近，这些个体又属于什么类别，从而判断这个未知的事物属于什么类别。这件事情就叫作分类。计算机也能模拟我们的这个思想，通过和已知类别的事物比较，或者通过总结已知类别事物的特征规律，来判断新事物的类别。

3.3.1　K 最邻近分类算法

K 最邻近（K-Nearest Neighbor，KNN）分类算法是数据挖掘分类技术中最简单的方法之一。KNN 的意思是 K 个最近的邻居。从这个名字我们就能看出一些 KNN 算法的思想。KNN 的原理就是当预测一个新的值 x 的时候，根据它距离最近的 K 个点是什么类别来判断 x 属于哪个类别，即 x 的 K 个邻居中哪一类的点最多，x 就属于哪一类。怎么样，非常简单吧。如图 3.11 所示，圆形的点是未知类别的，其他点类别已知，取 K=3，那么圆形的点大概率和三角形的点是同一类。

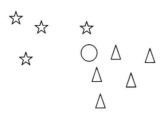

图 3.11　KNN 示意图

为了验证 KNN 算法的有效性，我们采用交叉验证方式。交叉验证是在机器学习建立模型和验证模型参数时常用的办法。交叉验证，顾名思义，就是重复地使用数据，即把样本数据进行切分，组合为不同的训练集和测试集，用训练集来训练模型，用测试集来评估模型预测的性能。因为是随机切分的，每次切分都可以得到不同的训练集和测试集，某次训练集中的某样本在下次可能成为测试集中的样本，即所谓交叉。

首先将数据集分成训练集（已知类别，80%）和测试集（假设未知类别，20%），采用 train_test_split 函数，代码如下：

```
from sklearn.model_selection import train_test_split

[X,Y]=LoadData('Iris')
X_train, X_test, y_train, y_test = train_test_split(X, Y, test_size=0.2)
```

接下来调用 sklearn 中的 KNeighboursClassifier（K 近邻分类），代码如下：

```
from sklearn.neighbors import KNeighborsClassifier

knn = KNeighborsClassifier(n_neighbors=3)
knn.fit(X_train, y_train)

correct = np.count_nonzero((knn.predict(X_test)==y_test)==True)
print ("Accuracy is: %.3f" %(correct/len(y_test)))
```

运行结果为"Accuracy is: 0.967"，这说明 KNN 是一种非常有效的分类算法。

3.3.2　贝叶斯分类算法

贝叶斯分类是一类分类算法的总称，这类算法均以贝叶斯定理为基础，故统称为贝叶斯分类。而朴素贝叶斯分类时贝叶斯分类中最简单，也是最常见的一种分类方法。贝叶斯学派的思想可以概括为先验概率+数据=后验概率。也就是说，在实际问题中需要得到的后验概率，可以通过先验概率和数据一起综合得到。

首先介绍一个概念，条件概率就是事件 X 在另外一个事件 Y 已经发生条件下的概率，条件概率表示为 $P(X|Y)$。

【例 3.8】　张大三问张小三和李小四：一班有 50 名男生，50 名女生，现在告诉你有一位一班学生，你知道他/她是男/女的概率吗？

张小三和李小四说：简单，50%。

张大三：对，这个就是先验概率。如果告诉你有20%男生踢球，10%女生踢球，现在告诉你这位同学踢球，你知道他/她是男/女的概率吗？

张小三说：2：1，他是男生的概率为2/3，她是女生的概率1/3。

张大三说：对的，这个就是后验概率，即知道了一些数据后的概率。

李小四说：这里好像没有用到先验概率呀。

张大三笑了笑说：已知有20%男生踢球，10%女生踢球。情况1：一班有50名男生，50名女生。情况2：一班有80名男生，20名女生。现在告诉你这位同学踢球，你知道他/她是男/女的概率在这两种情况下一样吗？

李小四说：应该不一样，但是我不会算。

张大三说：如果不告诉你这位同学踢球，情况1下，这位同学是男生的概率为50%，情况2下为男生概率80%。这就是先验概率。

情况1下：任选一位同学，这位同学是男生，且踢球（事件A），概率为0.5*20%，这位同学是女生，且踢球（事件B），概率为0.5*10%，所以任选一位同学刚好踢球（事件S=A并B，其中A、B互斥）的概率为0.5*20%+0.5*10%，故此同学为男生概率为P(A)/P(A)+P(B)=2/3，约为0.67。

情况2下：任选一位同学，这位同学是男生，且踢球（事件A），概率为0.8*20%，这位同学是女生，且踢球（事件B），概率为0.2*10%，所以任选一位同学刚好踢球（事件S=A并B，其中A、B互斥）的概率为0.8*20%+0.2*10%，故此同学为男生概率为P(A)/P(A)+P(B)=16/18，约为0.89。

可见踢球和不踢球对判断是否为男生有一定的影响，影响后的概率称为后验概率。

事实上，可以记X为该同学性别，Y表示是否踢球。知道男女生踢球比例，即知道了P(Y|X)，想求出P(X|Y)。

因为 P(Y|X) = P(XY)/P(X)，P(X|Y) = P(XY)/P(Y)

⇨ P(X|Y)= P(XY) / P(Y) =P(Y|X)P(X)/P(Y)

P(Y)表示学生踢球的概率，即为事件A并B。

⇨ P(X=男生|Y=踢球)= P(Y=踢球|X=男生)P(X=男生)/P(Y=踢球)

而 P(Y=踢球)=P(X=男生)P(Y=踢球|X=男生)+ P(X=女生)P(Y=踢球|X=女生)

故 P(X=男生|Y=踢球)= P(Y=踢球|X=男生)P(X=男生)/{ P(X=男生)P(Y=踢球|X=男生)+P(X=女生)P(Y=踢球|X=女生)}

在这里，先验概率就是P(X)，后验概率知道了Y=踢球后的X的概率，就是P(X|Y=踢球)

同样地，我们可能还知道男女学生跳舞、玩游戏等各种事件概率，假设这些事情独立，这些事件同样对后验概率有影响。假设Y1、Y2条件独立（朴素贝叶斯模型，Navie Bayes），则具体推导也非常简单，如下：

P(X|Y1, Y2)= P(X,Y1,Y2) / P(Y1,Y2)=P(X)P(Y1|X)P(Y2|X)/ (P(Y1)P(Y2))

在sklearn.naive_bayes中，有各种贝叶斯模型可以调用，代码如下：

```
from sklearn.naive_bayes import GaussianNB

[X,Y]=LoadData('Iris')
X_train, X_test, y_train, y_test = train_test_split(X, Y, test_size=0.2)

bayes = GaussianNB()
bayes.fit(X_train, y_train)
y_predict=bayes.predict(X_test)
correct = np.count_nonzero((knn.predict(X_test)==y_test)==True)
print ("Accuracy is: %.3f" %(correct/len(y_test)))
```

运行结果为"Accuracy is: 0.967",这表明贝叶斯分类是一类简单有效的分类算法。它适合离散情况下的推断。

3.3.3 Logistic 分类算法

实际上,我们的线性回归稍微修改一下就可以做分类。如图 3.12 所示,如果我们能找到一条直线使得一类点在直线上方,另一类点在直线下方,那么此直线就可以作为分类线/决策函数来预测新样本的类别。在高维空间中,直线可以由超平面代替。

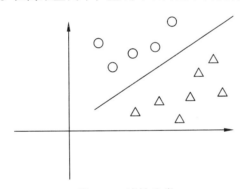

图 3.12 线性分类

根据分类线/决策函数,可以写出约束方程式(3.4),其中 $\hat{y_i}$ 为预测值, y_i 为实际类别。

$$\begin{cases} \hat{y_i} = wx_i + b > 0, \text{当} y_i = 1 \\ \hat{y_i} = wx_i + b < 0, \text{当} y_i = 0 \end{cases} \tag{3.4}$$

这个方程可以用梯度下降法或其他方法求解。但是有些 $\hat{y_i}$ 很大,有些 $\hat{y_i}$ 很小,当类别为 1 时, $\hat{y_i}$ 取 1、2、3 都可以,这就对求解带来了一定的困难。如果约束如式(3.5),那么求解相对简单。

$$\begin{cases} \hat{y_i} = wx_i + b = 1, \text{当} y_i = 1 \\ \hat{y_i} = wx_i + b = 0, \text{当} y_i = 0 \end{cases} \tag{3.5}$$

但是怎么样才能变成式（3.5）呢？这里可以引入一个变换 $y = 1/(1+e^{-x})$，如图 3.13 所示。

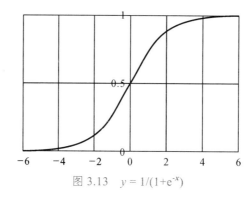

图 3.13 $y = 1/(1+e^{-x})$

这个变换可以将大于 0 的数很快变成接近 1 的数，小于 0 的数很快变成接近 0 的数。而且这个函数是有界的，当一个数远远大于 1 的时候，经过这个变换，它是接近于 1 的。当一个数远远小于 0 的时候，经过这个变换，它也是接近于 0 的。也就是说，此变换将负无穷大到正无穷大的数都变换到 0 或者 1 附近，更方便进行 2 分类。也就是说，我们希望式（3.4）能变成式（3.5），但是因为算出的 y 值的范围为整个实数域，所以我们必须通过某种变换，例如本节的 $y = 1/(1+e^{-x})$，将值域变换到 0 和 1 附近，即式（3.6），就可以采用线性回归的解法来解决此问题。

$$
\begin{cases}
\hat{y_i} = 1/(1+e^{wx_i+b}) = 1, & \text{当 } y_i = 1 \\
\hat{y_i} = 1/(1+e^{wx_i+b}) = 0, & \text{当 } y_i = 0
\end{cases}
\tag{3.6}
$$

通过此变换的线性回归也称作 logistic 回归，它也可以用来做分类。接下来，我们看一下代码与结果。

```
from sklearn.linear_model import LogisticRegression
from sklearn import metrics


[X,Y]=LoadData('Iris')
X_train, X_test, y_train, y_test = train_test_split(X, Y, test_size=0.2)


lr = LogisticRegression(penalty='l2',solver='newton-cg',multi_class='multinomial')
lr.fit(X_train,y_train)
y_hat = lr.predict(X_test)
accuracy = metrics.accuracy_score(y_test, y_hat)
print("Logistic Regression 模型正确率: %.3f" %accuracy)
```

运行结果为"Logistic Regression 模型正确率：0.967"。结果表明 logistic regression 分类也是一种简单有效的分类算法。logistic regression 分类只是做 2 分类，如果是多分类，可以用多个 logistic regression 来做。这些在 LogisticRegression 中已经封装好了，只需要设置参数 multi_class='multinomial'即可。

小结：针对不同类型以及不同领域的数据，研究人员开发出了非常多的分类算法，没有哪一种能适用所有数据，所以需要在分类前对数据分析，分类后，仍然要仔细观察结果。现在有很多性能评价指标都是用来做这件事情的。想用好分类算法，需要对这些指标有一定了解。

3.4　集成学习

集成学习(Ensemble Learning)是目前机器学习算法中非常火的一个研究方向，它本身不是一个单独的机器学习算法，而是一个框架。它的思想是使用数据集进行训练生成多个模型，最后对这些模型进行集成得到最终的结果，这就是集成学习完整的过程（见图 3.14）。集成学习结合的策略主要有平均法、投票法和学习法等。如果对这些模型进行集成模型都属于同种类型的个体学习器，如全部使用决策树或者全部使用神经网络，就称为同质集成；如果对这些模型进行集成模型都属于不同类型的个体学习器，如既使用决策树又使用神经网络，就称为异质集成。集成学习集成模型的种类非常多，包括套袋法（Bagging）、随机森林、提升法（Boosting）、堆叠法（Stacking）以及许多其他的基础集成学习模型。

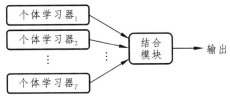

图 3.14　集成学习示意图

集成学习算法的目标是：集成学习一般是先通过算法生成多个弱学习机，然后使用数据集对弱学习机进行训练得到多个模型，最后通过集成算法对这些模型进行集成得到最终的结果。集成学习这样做的目的是通过集成获得比单一模型更精准的预测结果和性能提升，真实结果也表明这样做确实会使集成后的结果比单个模型的结果更优，因此在现实中集成学习也深受广大研究者所喜爱，如在 Kaggle 竞赛中大部分选手都会使用集成学习。

下面先看一个例子，仍然是使用 Iris 数据集，使用了 3 个分类器，分别是决策树、KNN 和 Logistic regression。其代码与结果如下：

```
from sklearn import tree

[X,Y]=LoadData('Iris')
X_train, X_test, y_train, y_test = train_test_split(X, Y, test_size=0.2)

model1 = tree.DecisionTreeClassifier()
model2 = KNeighborsClassifier()
model3= LogisticRegression()

model1.fit(X_train,y_train)
```

```
model2.fit(X_train,y_train)
model3.fit(X_train,y_train)

pred1=model1.predict(X_test)
pred2=model2.predict(X_test)
pred3=model3.predict(X_test)

print(pred1)
print(pred2)
print(pred3)
```

决策树、KNN、Logistic Regression 预测结果
```
[1 1 2 2 2 2 0 1 1 2 1 0 1 1 1 2 2 2 1 0 0 2 1 1 2 1 2 2 1 0]
[1 1 2 2 2 1 0 1 1 2 1 0 1 1 1 2 2 2 1 0 0 2 1 1 2 1 2 2 1 0]
[1 1 2 2 2 1 0 1 2 2 1 0 1 2 2 2 2 2 1 0 0 2 1 1 2 1 2 2 1 0]
```

三种模型预测结果中不一致的地方，用粗体字体表示。因为是离散标签，所以平均法没有意义。我们采用投票法，即少数服从多少，就可以集成三个模型结果。一般来说，集成后的结果准确率更高，泛化能力也更强（当然也有例外），也就是俗话说的"三个臭皮匠赛过诸葛亮"。

在 sklearn 中已经封装了集成学习的包，如 VotingClassifier，只需要简单调用即可，代码如下：

```
from sklearn.ensemble import VotingClassifier

model1 = tree.DecisionTreeClassifier()
model2 = KNeighborsClassifier()
model3= LogisticRegression()
model = VotingClassifier(estimators=[('decision tree', model1), ('knn',
model2),('logistic', model3)], voting='hard')
model.fit(X_train,y_train)
pred=model.predict(X_test)
print(pred)
```

集成学习通俗理解：

假设有 10 000 个人，每个人做每一道题的准确率为 60%。那么给定一道题，你听从第一个人的建议选答案，你答对的概率为 0.6，即你有 40% 的可能性是答错的。如果你听从这 10 000 个人中大多数人的意见，你答错的可能性是多少呢？会不会是仍然是 40%？

实际上，这相当于你拥有一枚有瑕疵的硬币，丢起来落地后有 60% 的可能性是正面。那么你丢 10 000 次，出现正面的次数大约是多少次呢？出现正面的次数低于 5 000 次的概率大不大呢？实际上，你可能得到 6 000、5 999、5 998、5 997、6 001、…次正面，出现正面低于 5 000 次的概率接近于 0。因此，虽然每个人的准确率不高，但是 10 000 个人在一起做题，准确率就接近 100%。从数学角度来看，取变量 x=正面次数/总次数，如图 3.15 所示，投 1 次和 10 次硬币时 x 的概率分布，投 1 次硬币时，std(x)=sqrt(0.4*0.6)；投 10 次硬币时，std(x)=sqrt(0.4*0.6)/sqrt(10)。可见，投 10 次硬币出现正面次数超过 50%的概率比投 1 次硬币出现正面次数超过 50%的概率大很多。这就是集成学习通俗的数学解释。

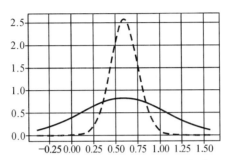

图 3.15　投 1 次和 10 次硬币时 x 的概率分布

在目前常用的集成学习算法中，有一种叫 XGBoost 的算法，它是一种梯度提升树 GBDT 的高效实现，在算法竞赛中比较受欢迎。首先要通过 console 控制台输入 pip install xgboost 安装此类库，然后就可直接调用，其代码例子如下：

```python
from sklearn.model_selection import train_test_split
import xgboost as xgb

x_train, x_val, y_train, y_val = train_test_split(X, Y,  test_size=0.35)

#------------载入数据------------
dtrain = xgb.DMatrix(X_train,y_train)
dtest = xgb.DMatrix(X_test,y_test)

#------------训练------------
param = {'max_depth':5, 'eta':0.5, 'verbosity':1, 'objective':'binary:logistic'}
model = xgb.train(param, dtrain, num_boost_round=10)

#------------预测------------
pred_train = model.predict(dtrain)
pred_test = model.predict(dtest)
```

小结：集成学习是一种非常有用的技术，它在工程中非常实用。一般情况下，它在训练集上能提高学习准确率，同时在测试集上的误差也会更小，也就是说它的泛化能力更强。集成学习的关键是怎样生成不同的模型。我们希望这些模型的预测准确率超过 50%（二分类任务），即比随机猜要好。同时这些模型的结果要有差异。不然第一个模型预测说是对，后面全部模型都说是对，如果这样，集成的结果就和第一个模型没有区别，准确率自然也不会提高。因此，集成学习的重点就在于怎么得到相异的多个模型。

本章小结

机器学习的内容非常多，本章主要是介绍一些入门的知识和算法，让初学者可以快速上手。机器学习在网上有大量资源，想要学好它，就需要不断地做具体的实验以及学习新的研究成果。

习　题

自行下载常见数据集（如 UCI Machine Learning Repository），进行分类、聚类、回归等实验分析。

第4章　人工神经网络基础

人工神经网络的思想是通过仿真生物神经系统的微结构——人工神经元,在此基础上构建更加复杂的网络系统,以达到仿真生物神经系统的目的,最终使机器拥有类似人类的智能。本章将介绍人工神经网络的基本原理及应用。

4.1　人工神经元

4.1.1　生物神经元的构造

生物神经元的构造如图 4.1 所示。

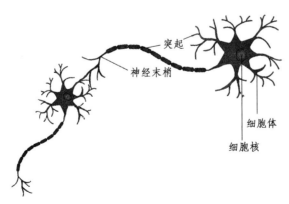

图 4.1　生物神经元的构造示意图

生物神经元主要由三部分构成,三个部分的功能如下:
(1)树突及其突触。上级神经元传来的冲动信号由树突上的突触负责接收,再经由树突传入细胞体。

（2）细胞体。由树突传入的冲动信号由细胞体处理，处理方式大致为：如果传入的冲动信号达到或超过一定的阈值，则神经元处于兴奋状态，否则神经元处于抑制状态。

（3）轴突及其突触。细胞体产生的冲动信号经由轴突传到轴突的突触，再经由各突触传到下级神经元。

正常人约有 10^{11} 个神经元，每个神经元通过其轴突与其他神经元有 $10 \sim 10^4$ 个（平均 10^3 个）链接，整个大脑约共有 10^{14} 个连接，从而构成极其复杂的神经网络。

4.1.2 人工神经元模型

1. 人工神经元的结构

为了模拟生物神经元的信息处理机制，麦克洛奇（Warren McCulloch）和皮兹（Walter Pitts）于 1943 年提出了人工神经元模型（M-P 模型），该模型可以看作是对生物神经元的简化和抽象。他们将树突及其突触简化并抽象为一组输入变量 $x_i(i=1,2,\cdots,N)$，将细胞体抽象为一个激活函数（也称为传递函数）$f(\cdot)$，轴突及其突触简化并抽象为一个输出变量 y。

结构上，该模型可用图 4.2 表示。图中 $w_i(i=1,2,\cdots,N)$ 为输入变量的权重，b 为偏置。

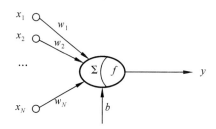

图 4.2　人工神经元的结构示意图

2. 人工神经元的推理

功能上，该模型可以用式（4.1）表示：

$$y = f\left(\sum_{i=1}^{N} w_i \times x_i + b\right) \tag{4.1}$$

为了简化书写，式（4.1）也可以写成向量形式：

$$y = \boldsymbol{w}^T \times \boldsymbol{x} \tag{4.2}$$

式中，$\boldsymbol{w}=[b,w_1,w_2,\cdots,w_N]^T$，$\boldsymbol{x}=[1,x_1,x_2,\cdots,x_N]^T$。注意，此处偏置 b 已融合到权重向量 $\boldsymbol{w}$ 中，因此输入向量 $\boldsymbol{x}$ 的第一个元素恒为 1。同时，为了简化叙述，如不特别说明，后面提到的权重都是指包含偏置的权重。

这里还要特别介绍一下人工神经元的激活函数，或称为传递函数（Transfer Function）。激活函数模拟了生物神经元的决策机制，即负责决定人工神经元处于兴奋还是处于抑制状态，是人工神经元最为关键的部分。激活函数有多种形式，这里我们先介绍最为简单、最为直接的一种——阶跃函数。

如果用 0 代表抑制，1 代表兴奋，则激活函数可以简单地设计为

$$f(u) = \begin{cases} 1, & u \geqslant 0 \\ 0, & u < 0 \end{cases} \quad (4.3)$$

该函数也称为单极型阶跃函数，或者称为二值硬限器（Binary Hard Limiter）。

如果用-1代表抑制，1代表兴奋，则激活函数可以简单地设计为

$$f(u) = \begin{cases} 1, & u \geqslant 0 \\ -1, & u < 0 \end{cases} \quad (4.4)$$

该函数也称为对称型阶跃函数，或者称为双极硬限器（Symmetric Hard Limiter）。图4.3就是这两类函数的图像。

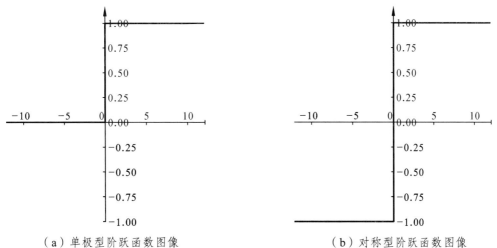

（a）单极型阶跃函数图像 （b）对称型阶跃函数图像

图 4.3　阶跃函数的函数图像

人工神经元的知识就包含在它的权值和偏置中。只要给人工神经元设置适当的权值和偏置，就可以让人工神经元拥有一定的知识，从而可以用来解决这些知识所面向的问题。

【例 4.1】　请你验证图4.4所示的人工神经元与"与"逻辑等价。其中，激活函数为式（4.3）所示的单极型阶跃函数。

答：容易验证该神经网络的真值（见表4.1）。

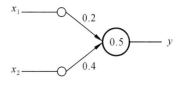

图 4.4　阶跃函数的函数图像

表 4.1　图 4.4 的人工神经元的真值

x_1	x_2	y
0	0	0
1	0	0
0	1	0
1	1	1

读者可以自行写出验证过程。

4.2　感知机

人工神经元的知识就包含在它的权值和偏置中，尽管可以通过纯人工的方式完成人工神经元权值的设置，从而使神经元拥有相应的知识。但对于比较复杂的知识，纯人工的方式往往只存在理论上的可能，因为权值是知识的隐式表示，正确设置权值往往需要极高的技巧。如能找到一种根据预先给定的数据（如表 4.1 所示的真值表）自动地设置和调整权值的方法，那将大大简化人工神经元模型的应用。

为此，罗森勃拉特（Frank Rosenblatt）于 20 世纪 50—60 年代发明了感知机算法，该算法实现了人工神经元的权值可以根据一组事先给定的数据自动调整。

用于调整人工神经元的权值的一组数据也称为训练集，采用该算法获得权值人工神经元模型便称为感知机，因为该模型具备了从给定数据学习（感知）知识的能力。

感知机训练算法：

设给定 N 个实例 (x_i, y_i)，$i = 1, 2, \cdots, N$ 构成学习样本集合 S，其中第 i 个输入 $x_i = [x_{i1}, x_{i2}, \cdots, x_{iN}]$，$y_i \in y$ 是对应的标签。例如，表 4.1 的真值表就包含 4 个学习实例，每一行一个实例：

$$(x_1, y_1) = ([0,0], 0)$$

$$(x_2, y_2) = ([1,0], 0)$$

$$(x_3, y_3) = ([0,1], 0)$$

$$(x_4, y_4) = ([1,1], 1)$$

那么，如何使得模型学习到数据里包含的知识呢？由于在人工神经元模型中，知识通过权值和偏置隐式表示，直接设置权重难度很大。从学习目标来看，如果能够调整模型的参数，使得对于给定的输入，模型能够给出预期的输出，那么就可以认为模型已经掌握了相关的知识，至于权重是多少，通常不是我们关心的问题。因此，模型的学习问题就可以转化为以下的最优化问题：

$$\arg \min_w \sum_{s \in S} |y_s - \hat{y}_s| \tag{4.5}$$

式中，y_s 为模型的输出，$\hat{y}_s$ 为预期的输出。可以采用下面的算法求解上述优化问题，算法的基本思想是：首先随机设置权重的值，不妨设为 $w^{(0)}$，然后通过一定的方法不断更新权值，即 $w^{(0)} \to w^{(1)} \to w^{(2)} \to \cdots$，使得模型的输出 y_s 和预期的输出 $\hat{y}_s$ 越来越接近。因此可以采用下面的"感知机学习算法"进行权值的调整：

步骤 1：设置迭代次数 $t = 0$，初始化权重 $w^{(0)}$，即给 $w^{(0)} = [w_0^{(0)}, w_1^{(0)}, w_2^{(0)}, \cdots, w_n^{(0)}]^{\mathrm{T}}$ 的各个分量分别赋以一组较小的随机数。

步骤 2：对于当前时刻 t，选取任一个样本 x，计算模型输出：

$$y^{(t)} = f(x^{\mathrm{T}} \times w^{(t)})$$

步骤 3：将权值 $w^{(t)}$ 更新为权值 $w^{(t+1)}$：

$$w^{(t+1)} = w^{(t)} - \eta(y^{(t)} - \hat{y})x$$

式中，$0 \leqslant \eta \leqslant 1$ 为学习率，用来控制修改权值的速度。

步骤 4：如果 $\left\| w^{(t+1)} - w^{(t)} \right\|$ 小于预先给定的值 ε，则算法结束。否则，设置 $t = t+1$，并转步骤 2。

这里对上述算法再做两点说明：

（1）训练集的样本可以循环使用；

（2）算法的结束条件也可以修改为：对于所有的学习实例均有 $\left\| y^{(t)} - \hat{y} \right\| \leqslant \varepsilon$，或者迭代的次数达到预先指定的最大值 t_{max}。

4.3 多层感知机

单个感知机表示知识的能力有限，只能表示简单的知识，如"与"逻辑。前人的研究表明，单个感知机只能处理线性可分的数据集，而表 4.2 所示为"异或"逻辑的真值表，容易验证该数据集不是线性可分的，因而该逻辑不能用单个感知机表示。

表 4.2 "异或"逻辑的真值

x_1	x_2	y
0	0	0
1	0	1
0	1	1
1	1	0

注：这里的线性不可分就是说不能用一条直线将上面的 4 个点彻底分开成两组，一组的标签 y=0，另一组的标签 y=1。

为了表示更加复杂的知识，人们在感知机的基础上设计了多层感知机。

4.3.1 多层感知机算法

1. 多层感知机的结构特点

（1）第一层为输入层，最后一层为输出层。在输入层和输出层之间的层称为隐层。

（2）在每一层内的神经元之间，相互没有连接关系；相邻层间的神经元之间，连接方式为全连接。

（3）输入层仅用于接收输入数据，不做数据处理。

图 4.5 为一个三层感知机的结构，该网络只有一个隐层，输入层、隐层和输出层的神经元个数分别为 2、2、1。

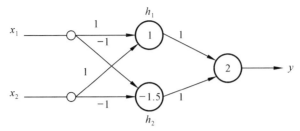

图 4.5　一个三层感知机的结构

2. 多层感知机的推理

多层感知机的推理是从输入出发，逐层计算隐层的输出，最后计算输出层的输出。例如，对于图 4.5 的神经网络，其推理过程如下：

$$
\begin{aligned}
h_1 &= f(1 \times x_1 + 1 \times x_2 + 1) \\
h_2 &= f(-1 \times x_1 - 1 \times x_2 - 1.5) \\
y &= f(1 \times h_1 + 1 \times h_2 + 2)
\end{aligned}
\tag{4.6}
$$

如果将输入、输出以及权值都用矩阵表示，则以上的推理过程也可以表示为：

$$
\begin{aligned}
h &= f(W_h \times x + \theta_h) \\
y &= f(W_y \times h + \theta_y)
\end{aligned}
\tag{4.7}
$$

其中：

$$x = [x_1 \quad x_2]^{\mathrm{T}}$$

$$h = [h_1 \quad h_2]^{\mathrm{T}}$$

$$W_h = \begin{bmatrix} 1 & 1 \\ -1 & -1 \end{bmatrix}$$

$$\theta_h = [1 \ -1.5]^{\mathrm{T}}$$

$$W_y = [1 \ 1]^{\mathrm{T}}$$

$$\theta_y = [2]$$

多层感知机可以表示更为复杂的知识，例如"异或"逻辑。

【**例 4.2**】　采用多层感知机模拟"异或"逻辑。

解：图 4.5 所示的多层感知机就是所求。读者可以自行验证该神经网络的真值表，如表 4.2 所示。

3. Sigmoid 函数

Sigmoid 函数也就是 S 型函数。

与单个感知机一样，如果多层感知机结构比较简单，要表示的知识也比较简单。那么可以采用纯人工的方式设置权值，如果多层感知机的结构和要表示的知识达到一定的复杂程度，就需要采用一定的计算机算法解决权值的自动设置问题。

求解多层感知机的权值学习可以采用误差反向传播算法（Error Back Propagation，BP 算法），由于 BP 算法的设计基于梯度的概念，而之前标准感知机里采用的激活函数为阶跃函数，阶跃函数在 0 点处不连续，也不可导，为此引进可微的激活函数，作为阶跃函数的替代。其中，Sigmoid 函数最为典型的可微激活函数，下面作简单介绍。

针对单极型阶跃函数和对称型阶跃函数，分别有单极型 S 型函数和对称型 S 型函数两种，函数表达式分别如下：

$$f(u) = \frac{1}{1 + \exp(-u)} \tag{4.8}$$

$$f(u) = \frac{\exp(u) - \exp(-u)}{\exp(u) + \exp(-u)} \tag{4.9}$$

两种激活函数的函数图像如图 4.6（a）、（b）所示。

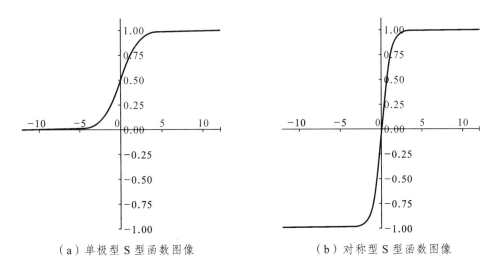

（a）单极型 S 型函数图像 　　　　　　（b）对称型 S 型函数图像

图 4.6　Sigmoid 函数的函数图像

4. 多层感知机的学习

下面我们通过实例说明多层感知机的学习过程。针对前面的"异或"逻辑，将其真值表改为下面的 One-hot 形式（见表 4.3）。

表 4.3　"异或"逻辑的真值（One hot 形式）

x_1	x_2	y_1	y_2
0	0	1	0
1	0	0	1
0	1	0	1
1	1	1	0

然后就可以采用图 4.7 所示结构的神经网络进行识别。

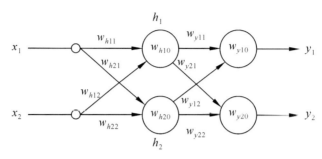

图 4.7　用于模拟"异或"逻辑的多层感知机

设输入样本为 $x = [x_1, x_2]^{\mathrm{T}}$ 时，网络的输出为 $y = [y_1, y_2]^{\mathrm{T}}$，样本对应的标注为 $\hat{y} = [\hat{y}_1, \hat{y}_2]^{\mathrm{T}}$，则该样本产生的损失（误差）可以表示为

$$J(w) = \frac{1}{2}(y - \hat{y})^2 = \frac{1}{2}[(y_1 - \hat{y}_1)^2 + (y_2 - \hat{y}_2)^2] \qquad (4.10)$$

式中，w 为权值向量，就是所有的权值构成的向量。

$$w = \begin{bmatrix} w_{h10} \\ w_{h11} \\ w_{h12} \\ w_{h20} \\ w_{h21} \\ w_{h22} \\ w_{y10} \\ w_{y11} \\ w_{y12} \\ w_{y20} \\ w_{y21} \\ w_{y22} \end{bmatrix}$$

又设前面 4 个样本产生的损失（误差）分别表示为 $J_1(w)$、$J_2(w)$、$J_3(w)$ 和 $J_4(w)$，则可以采用平均误差表示训练的损失。

$$\mathrm{Loss}(w) = \frac{1}{4}[J_1(w) + J_2(w) + J_3(w) + J_4(w)] \qquad (4.11)$$

显然，神经网络的学习过程就是调整权值，使得上面的损失函数最小化。为了学习到最优的权值，BP 学习算法采用梯度下降法。

1）计算权值的梯度

梯度下降法的每一步调整需要计算权值向量的梯度 $\dfrac{\partial \text{Loss}(\boldsymbol{w})}{\partial \boldsymbol{w}}$，根据式（4.11），显然有如下的等式成立：

$$\frac{\partial \text{Loss}(\boldsymbol{w})}{\partial \boldsymbol{w}} = \frac{1}{4}\left[\frac{\partial J_1(\boldsymbol{w})}{\partial \boldsymbol{w}} + \frac{\partial J_2(\boldsymbol{w})}{\partial \boldsymbol{w}} + \frac{\partial J_3(\boldsymbol{w})}{\partial \boldsymbol{w}} + \frac{\partial J_4(\boldsymbol{w})}{\partial \boldsymbol{w}}\right] \tag{4.12}$$

也就是说，要计算损失函数对于权值向量的梯度，可以先分别计算出每个样本的误差对于权值向量的梯度，然后再求所有梯度的平均值即可。因此，我们只需弄清楚一个样本对应的权值向量的梯度的求解过程即可。

权值向量的梯度的各个分量为损失函数对于对应权值的偏导数。

下面针对任意输入样本为 $x = [x_1, x_2]^{\text{T}}$，采用形如式（4.10）所示的损失函数，讨论各个权值的偏导数的计算问题。计算权值的偏导数可分为前向计算和反向传播两个阶段。

阶段一：前向计算。

根据梯度下降法，每一步要计算出权值的偏导数，而根据复合函数求导的链式法则，计算偏导数时需要引用前向计算的结果。下面给出前向计算的过程：

$$\begin{aligned}
u_{h1} &= w_{h10} + w_{h11} \cdot x_1 + w_{h12} \cdot x_2 \\
u_{h2} &= w_{h20} + w_{h21} \cdot x_1 + w_{h22} \cdot x_2 \\
h_1 &= f(u_{h1}), h_2 = f(u_{h2}) \\
u_{y1} &= w_{y10} + w_{y11} \cdot h_1 + w_{y12} \cdot h_2 \\
u_{y2} &= w_{y20} + w_{y21} \cdot h_1 + w_{y22} \cdot h_2 \\
y_1 &= f(u_{y1}), y_2 = f(u_{y2})
\end{aligned} \tag{4.13}$$

这里的激活函数 $f(\cdot)$ 取式（4.8）所示的单极型 Sigmoid 函数。

阶段二：反向传播。

反向传播阶段就是完成梯度的实际计算。计算过程是从输出层开始，朝着输出层方向逐层计算每个量的偏导数，最后选取全部权值的偏导数，构成梯度向量。

先求样本损失 $J(\boldsymbol{w})$ 对于输出 y_1 和 y_2 的偏导数：

$$\begin{aligned}
\frac{\partial J}{\partial y_1} &= y_1 - \hat{y}_1 \\
\frac{\partial J}{\partial y_2} &= y_2 - \hat{y}_2
\end{aligned} \tag{4.14}$$

可以看到，y_1 和 y_2 是第一阶段（前向计算）的计算结果，而 $\hat{y}_1$ 和 $\hat{y}_2$ 是样本的标注数据，也是已知的，所以上面的两个偏导数可以计算。接下来求损失函数对于 u_{y1} 和 u_{y2} 的偏导数，根据复合函数求导的链式法则，我们有

$$\frac{\partial J}{\partial u_{y1}} = \frac{\partial J}{\partial y_1} \cdot \frac{\partial y_1}{\partial u_{y1}} = \frac{\partial J}{\partial y_1} \cdot y_1(1-y_1)$$

$$\frac{\partial J}{\partial u_{y2}} = \frac{\partial J}{\partial y_2} \cdot \frac{\partial y_2}{\partial u_{y2}} = \frac{\partial J}{\partial y_2} \cdot y_2(1-y_2)$$

（4.15）

可以看到，y_1 和 y_2 是第一阶段（前向计算）的计算结果，而 $\frac{\partial J}{\partial y_1}$ 和 $\frac{\partial J}{\partial y_2}$ 是上一步的结算结果，所以上面的两个偏导数也可以计算。下面继续求损失函数对于其他计算量的偏导数，计算原理和前面的 $\frac{\partial J}{\partial u_{y1}}$ 和 $\frac{\partial J}{\partial u_{y2}}$ 完全相同，此处直接给出计算过程，不再交代计算原理。

$$\frac{\partial J}{\partial w_{y10}} = \frac{\partial J}{\partial u_{y1}} \cdot \frac{\partial u_{y1}}{\partial w_{y10}} = \frac{\partial J}{\partial u_{y1}} \cdot 1$$

$$\frac{\partial J}{\partial w_{y11}} = \frac{\partial J}{\partial u_{y1}} \cdot \frac{\partial u_{y1}}{\partial w_{y11}} = \frac{\partial J}{\partial u_{y1}} \cdot h_1$$

$$\frac{\partial J}{\partial w_{y12}} = \frac{\partial J}{\partial u_{y1}} \cdot \frac{\partial u_{y1}}{\partial w_{y12}} = \frac{\partial J}{\partial u_{y1}} \cdot h_2$$

$$\frac{\partial J}{\partial h_1} = \frac{\partial J}{\partial u_{y1}} \cdot \frac{\partial u_{y1}}{\partial h_1} + \frac{\partial J}{\partial u_{y2}} \cdot \frac{\partial u_{y2}}{\partial h_1} = \frac{\partial J}{\partial u_{y1}} \cdot w_{y11} + \frac{\partial J}{\partial u_{y2}} \cdot w_{y21}$$

$$\frac{\partial J}{\partial h_2} = \frac{\partial J}{\partial u_{y1}} \cdot \frac{\partial u_{y1}}{\partial h_2} + \frac{\partial J}{\partial u_{y2}} \cdot \frac{\partial u_{y2}}{\partial h_2} = \frac{\partial J}{\partial u_{y1}} \cdot w_{y12} + \frac{\partial J}{\partial u_{y2}} \cdot w_{y22}$$

$$\frac{\partial J}{\partial u_{h1}} = \frac{\partial J}{\partial h_1} \cdot \frac{\partial h_1}{\partial u_{h1}} = \frac{\partial J}{\partial h_1} \cdot h_1(1-h_1)$$

$$\frac{\partial J}{\partial u_{h2}} = \frac{\partial J}{\partial h_2} \cdot \frac{\partial h_2}{\partial u_{h2}} = \frac{\partial J}{\partial h_2} \cdot h_2(1-h_2)$$

（4.16）

$$\frac{\partial J}{\partial w_{h10}} = \frac{\partial J}{\partial u_{h1}} \cdot \frac{\partial u_{h1}}{\partial w_{h10}} = \frac{\partial J}{\partial u_{h1}} \cdot 1$$

$$\frac{\partial J}{\partial w_{h11}} = \frac{\partial J}{\partial u_{h1}} \cdot \frac{\partial u_{h1}}{\partial w_{h11}} = \frac{\partial J}{\partial u_{h1}} \cdot x_1$$

$$\frac{\partial J}{\partial w_{h12}} = \frac{\partial J}{\partial u_{h1}} \cdot \frac{\partial u_{h1}}{\partial w_{h12}} = \frac{\partial J}{\partial u_{h1}} \cdot x_2$$

$$\frac{\partial J}{\partial w_{h20}} = \frac{\partial J}{\partial u_{h2}} \cdot \frac{\partial u_{h2}}{\partial w_{h20}} = \frac{\partial J}{\partial u_{h2}} \cdot 1$$

$$\frac{\partial J}{\partial w_{h21}} = \frac{\partial J}{\partial u_{h2}} \cdot \frac{\partial u_{h2}}{\partial w_{h21}} = \frac{\partial J}{\partial u_{h2}} \cdot x_1$$

$$\frac{\partial J}{\partial w_{h22}} = \frac{\partial J}{\partial u_{h2}} \cdot \frac{\partial u_{h2}}{\partial w_{h22}} = \frac{\partial J}{\partial u_{h2}} \cdot x_2$$

至此，除输入量之外的所有量的偏导数均已计算完毕，其中包含全部权值的偏导数，将这些偏导数用一个向量表示，从而构成一个梯度：

$$\frac{\partial J(\boldsymbol{w})}{\partial \boldsymbol{w}} = \begin{bmatrix} \dfrac{\partial J}{\partial w_{h10}} \\[2mm] \dfrac{\partial J}{\partial w_{h11}} \\[2mm] \dfrac{\partial J}{\partial w_{h12}} \\[2mm] \dfrac{\partial J}{\partial w_{h20}} \\[2mm] \dfrac{\partial J}{\partial w_{h21}} \\[2mm] \dfrac{\partial J}{\partial w_{h22}} \\[2mm] \dfrac{\partial J}{\partial w_{y10}} \\[2mm] \dfrac{\partial J}{\partial w_{y11}} \\[2mm] \dfrac{\partial J}{\partial w_{y12}} \\[2mm] \dfrac{\partial J}{\partial w_{y20}} \\[2mm] \dfrac{\partial J}{\partial w_{y21}} \\[2mm] \dfrac{\partial J}{\partial w_{y22}} \end{bmatrix} \qquad (4.17)$$

针对表 4.3 所示的 4 个训练样本，按照上面描述的过程分别计算，就可以得到 4 个梯度 $\dfrac{\partial J_1(\boldsymbol{w})}{\partial \boldsymbol{w}}$，$\dfrac{\partial J_2(\boldsymbol{w})}{\partial \boldsymbol{w}}$，$\dfrac{\partial J_3(\boldsymbol{w})}{\partial \boldsymbol{w}}$，$\dfrac{\partial J_4(\boldsymbol{w})}{\partial \boldsymbol{w}}$，然后代入式（4.12）求平均值，就是损失函数 Loss($\boldsymbol{w}$) 对于权值向量 $\boldsymbol{w}$ 的梯度。

2）梯度下降算法

上面只是交代了梯度的计算方法，下面介绍整个权值调整过程，这是一个基本的梯度下降算法流程。

步骤 1：初始化迭代次数 $t = 0$，初始化初始权值 $\boldsymbol{w}^{(0)}$ 为一组较小的随机数，并确定学习率 η 以及算法终止参数 $\varepsilon(\varepsilon > 0)$ 的值。

步骤 2：针对当前迭代次数 t 按照上面的 1）计算如式（4.17）所示的梯度。

步骤 3：按照下面的公式计算新的权值：

$$w^{(t+1)} = w^{(t)} - \eta \cdot \frac{\partial \text{Loss}^{(t)}}{\partial \boldsymbol{w}}$$

步骤 4：以 $w^{(t)}$ 和 $w^{(t+1)}$ 为参数按照式（4.11）计算损失函数值 $\text{Loss}^{(t)}$ 和 $\text{Loss}^{(t+1)}$，如果 $\left|\text{Loss}^{(t+1)} - \text{Loss}^{(t)}\right| < \varepsilon$，则算法结束，否则转步骤 2。

算法终止时的权值就是所求的最优权值，记作 w^*。

说明：

（1）这里给出一个简单的例子，主要目的是帮助读者理解 BP 学习算法的原理。对于一般结构的多层感知机，其训练算法的原理本质上与此相同，读者可以自行参考有关资料。

（2）上面的算法求出最优的权值之后 w^*，就可以用 w^* 按照式（4.13）的前向计算过程建立实际使用的模型。

4.3.2　多层感知机的应用

当应用多层感知机解决实际问题时，模型参数的训练及实际模型的建立，通常都可以采用成熟的神经网络工具箱实现。下面演示神经网络工具箱 Neurolab 的使用方法。

【例 4.3】　用一个三层感知机神经网络解决字母 T 和 L 的识别问题。训练图像和测试如图 4.8 所示。

提示：字母 T 用 0 表示，字母 L 用 1 表示。

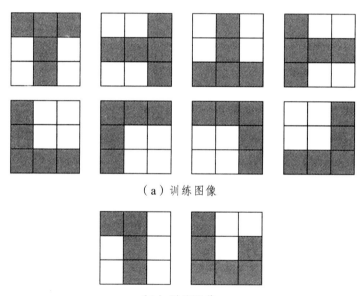

（a）训练图像

（b）测试图像

图 4.8　识别字母 T 和 L

解： 基于 Neurolab 的实现代码如下：

```python
import numpy as np
import neurolab as nl
# 建立训练数据集
data = np.array([[1,1,1,0,1,0,0,1,0],
                 [0,0,1,1,1,1,0,0,1],
```

```
                    [0,1,0,0,1,0,1,1,1],
                    [1,0,0,1,1,1,1,0,0],
                    [1,0,0,1,0,0,1,1,1],
                    [1,1,1,1,0,0,1,0,0],
                    [1,1,1,0,0,1,0,0,1],
                    [0,0,1,0,0,1,1,1,1]
                ])
labels = np.array([[1,0],
                    [1,0],
                    [1,0],
                    [1,0],
                    [0,1],
                    [0,1],
                    [0,1],
                    [0,1]
                ])
```

```
# 定义一个结构为 9-16-2 的多层感知机
minmax = [[0,1]] * 9
multilayer_net = nl.net.newff(minmax,[16,2])
```

```
# 设置训练算法为梯度下降法算法
multilayer_net.trainf = nl.train.train_gd
```

```
# 训练神经网络
error = multilayer_net.train(data,labels,epochs=1000,show=100,goal=0.001)
```

运行上述程序将产生如下的输出，表明神经网络的训练达到了预期的效果。

```
Epoch: 100; Error: 0.12707372522848018;
Epoch: 200; Error: 0.028159156304449956;
Epoch: 300; Error: 0.015074728903749855;
Epoch: 400; Error: 0.010130083233528785;
Epoch: 500; Error: 0.007574317228551633;
Epoch: 600; Error: 0.00602511314587207;
Epoch: 700; Error: 0.004990162075961719;
Epoch: 800; Error: 0.0042518773476273395;
Epoch: 900; Error: 0.003699719757970261;
Epoch: 1000; Error: 0.0032717551822221617;
The maximum number of train epochs is reached
```

下面建立程序完成测试工作。

```python
# 建立测试样本
test_data = np.array([[1,1,0,0,1,0,0,1,0],
            [1,0,0,1,0,1,1,1,1]
            ])

# 用训练数据运行该网络进行预测
output=multilayer_net.sim(test_data)

msg = ['T', 'L']
for i in range(output.shape[0]):
    pre = np.argmax(output[i])
    print('第', i+1, '测试样本的预测结果为：', msg[pre])
```

运行上述程序将产生以下输出：

第 1 测试样本的预测结果为：T

第 2 测试样本的预测结果为：L

4.4 Hopfield 神经网络

多层感知机属于前馈型神经网络。在多层感知的信息处理过程中，信息从输入端单向流向输出端，没有反馈回路。如果给神经网络增加信息处理的反馈回路，那神经网络的功能会有怎样的变化呢？在这个方面，美国加州理工学院物理学家霍普菲尔德（J.J.HopField）做了非常有益的探索，他分别于 1982 年和 1984 年设计两种带反馈回路的神经网络，可以分别称之为离散型 Hopfield 神经网络（Discrete Hopfiled Neural Network，DHNN）和连续型 Hopfield 神经网络（Continuous Hopfield Neural Network，CHNN）。离散型 Hopfield 神经网络具有模拟人类联想记忆的功能，连续型 Hopfield 神经网络可用于求解优化问题。下面仅介绍离散型 Hopfield 神经网络的联想记忆功能。

4.4.1 离散型 Hopfield 神经网络介绍

离散型 Hopfield 神经网络的结构具有以下两个特点：

（1）具有单层的神经网络结构；

（2）各个神经元的输出反馈到其他神经元，但对自身神经元没有反馈回路。

例如，具有 4 个神经元的离散型 Hopfield 神经网络可以采用图 4.9 来表示。

假设网络神经元数量为 N，则网络的输入是一组状态 $(x_1, x_2, \cdots, x_N)$，然后按照下面的公式计算新的状态：

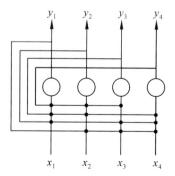

图 4.9 具有 4 个神经元的离散型 Hopfield 神经网络结构

$$u_i(t) = \sum_{\substack{j=1 \\ j \neq i}}^{N} w_{ij} v_j(t) - \theta_i$$

$$v_i(t+1) = f(u_i(t))$$

（4.18）

式中，w_{ij} 为连接权重；θ_i 为各个神经元的偏置；$v_j(t)$ 为 t 时刻第 j 个神经元的输出。由于网络是带有反馈回路的，所以 t 时刻的输出会作为 $t+1$ 时刻的输入，从而信息会在网络中被不断迭代处理，构成一个网络演化过程。

当 $t=0$ 时，即网络演化的开始，网络的输入直接取输入向量 $[x_1, x_2, \cdots, x_N]$，即 $[v_1(0), v_2(0), \cdots, v_N(0)] = [x_1, x_2, \cdots, x_N]$。

在网络的演化过程中，如果从某个时刻 T 开始，网络的状态不再改变，而是稳定到某个状态，那么我们就称该网络是稳定的，或者称为收敛的；否则，该网络就是不稳定的，或者是发散的。

当某个网络是稳定的，那么网络的输出 $[y_1, y_2, \cdots, y_N] = [v_1(T), v_2(T), \cdots, v_N(T)]$，即取网络的稳定状态为神经网络最终的输出。

而激活函数 $f(\cdot)$ 可以取单极型阶跃函数，也可以是双极性阶跃函数。

网络的更新方式有两种：一种是同步更新，此方式下所有神经元的状态更新同时进行；另一种是异步更新方式，此方式下神经元的状态更新逐个进行，每次只更新一个神经元的状态，而神经元的更新顺序可以是随机的。

权值矩阵具有两条重要的性质：

（1）权值矩阵为对称矩阵；

（2）主对角线元素为 0。

4.4.2 稳定性分析

既然要取网络的稳定状态为神经网络最终的输出，那么了解网络的稳定性条件就非常重要。网络的稳定性实际上取决于 w_{ij} 和 θ_i 的取值，那么是不是任何情况下网络都是稳定的呢？答案是否定的，只有当参数满足一定条件时网络才是稳定的。

关于离散型的稳定性，早在 1983 年科恩（Cohen）与葛劳斯伯格（S.Grossberg）给出了稳定性的证明。Hopfield 等又进一步证明，只要连接权值构成的矩阵为非负对角元的对称矩阵，该网络就具有串行的稳定性；若矩阵为非负定矩阵，则该网络具有并行的稳定性。

下面仅仅针对异步更新方式的情形，分析网络的稳定性。为了分析网络的稳定性，需要先定义网络的能量函数：

$$E = -\frac{1}{2} \sum_{i=1}^{N} \sum_{\substack{j=1 \\ j \neq i}}^{N} w_{ij} v_i v_j + \sum_{i=1}^{N} \theta_i v_i$$

（4.19）

下面按照异步更新方式分析网络的稳定性，设当前更新的神经元为 m，则对应的状态记为 v_m，又设 $v_m = 0$ 时网络能量为 E_0，$v_m = 1$ 时网络能量为 E_1，则

$$E_0 = -\frac{1}{2}\sum_{\substack{i=1\\i\neq m}}^{N}\sum_{\substack{j=1\\j\neq i\\j\neq m}}^{N} w_{ij}v_iv_j + \sum_{\substack{i=1\\i\neq m}}^{N}\theta_iv_i$$

$$E_1 = -\frac{1}{2}\sum_{\substack{i=1\\i\neq m}}^{N}\sum_{\substack{j=1\\j\neq i\\j\neq m}}^{N} w_{ij}v_iv_j + \sum_{\substack{i=1\\i\neq m}}^{N}\theta_iv_i - \sum_{\substack{j=1\\j\neq m}}^{N} w_{mj}v_j + \theta_m \qquad (4.20)$$

$$E_1 = E_0 - \sum_{\substack{j=1\\j\neq i}}^{N} w_{ij}v_j + \theta_m$$

下面分析 v_m 状态变化时的能量变化：

$$\Delta E = \begin{cases} E_1 - E_0 = -\sum_{\substack{j=1\\j\neq m}}^{N} w_{mj}v_j + \theta_m \ , \ v_m = 0 \to 1 \\ \\ E_0 - E_1 = \sum_{\substack{j=1\\j\neq m}}^{N} w_{mj}v_j - \theta_m \ , \ v_m = 1 \to 0 \end{cases} \qquad (4.21)$$

由于当 v_m 由 0 变为 1 时，$\sum_{\substack{j=1\\j\neq m}}^{N} w_{mj}v_j - \theta_m \geqslant 0$，所以有 $\Delta E \leqslant 0$。而当 v_m 由 1 变为 0 时，

$\sum_{\substack{j=1\\j\neq m}}^{N} w_{mj}v_j - \theta_m < 0$，所以也有 $\Delta E < 0$。因此，不管的状态如何变化，能量函数的值总是随着时间的推移不断减小，直到网络稳定到某个状态。

4.4.3　离散型 Hopfield 神经网络的联想记忆功能

如果将网络的一个稳定状态作为一个记忆样本，就可以用离散型 Hopfield 神经网络实现联想记忆功能。

1. 参数学习过程

可以按照赫布（Hebb）学习规则设计离散型 Hopfield 神经网络的连接权值。设给定 m 个记忆样本 $\boldsymbol{x}^{(k)}, k=1,2,\cdots,m$，则具体方法如下：

当神经元的状态为 $x_i^{(k)} \in \{-1,1\}$，权值的计算方法为

$$w_{ij} = \begin{cases} \sum_{k=1}^{m} x_i^{(k)}x_j^{(k)} \ , \ i \neq j \\ \\ 0 \ , \qquad i = j \end{cases} \qquad (4.22)$$

当神经元的状态为 $x_i^{(k)} \in \{0,1\}$，权值的计算方法为

$$w_{ij} = \begin{cases} \sum_{k=1}^{m} (2x_i^{(k)}-1)(2x_j^{(k)}-1), \ i \neq j \\ \\ 0, \qquad\qquad\qquad i = j \end{cases} \qquad (4.23)$$

2. 联想过程

联想过程就是神经网络的推理过程。

4.4.4 离散型 Hopfield 神经网络的联想记忆应用实例

下面演示利用离散型 Hopfield 神经网络实现联想记忆功能。

【例 4.4】 采用 Hopfield 神经网络识别 L 和 l。已知点阵字符为 2×2 模式，两组训练数据如图 4.10 所示。

L　　　　　l　　　　　测试数据

图 4.10　记忆样本和测试数据

两个记忆样本可以分别用向量表示如下：

$a^{(1)} = [1 \quad 0 \quad 1 \quad 1]^T$　　　代表大写字母 L

$a^{(2)} = [0 \quad 1 \quad 0 \quad 1]^T$　　　代表小写字母 l

（1）请设计一个可以存储这两个字符的 Hopfield 网络，画出相应的 Hopfield 网络结构图；

（2）计算连接权值（阈值可设为 0）；

（3）设激活函数为 $f(u) = \begin{cases} 1, u \geq 0 \\ 0, u < 0 \end{cases}$，采用异步更新，位状态的更新顺序为 2134，则给定测试数据 $[1 \quad 1 \quad 0 \quad 1]^T$，求网络的稳定状态。

解：（1）网络结构如图 4.9 所示。

（2）先计算样本 $a^{(1)}$ 的权值，前面的权值计算方法可以采用表格法实现，具体步骤如下：

第一步：将位状态同时填入行标题行和列标题行。

第二步：计算矩阵的上半三角矩阵。计算每个元素的取值时，如果标题行和标题列的状态相同，则该元素取值为 1，否则取 – 1。

最终算得 $a^{(1)}$ 的权值为：

状态	1	0	1	1
1		– 1	1	1
0			– 1	– 1
1				1
1				

同样的方法可以计算样本 $a^{(2)}$ 的权值：

状态	1	0	1	0
1		– 1	1	– 1
0			– 1	1
1				– 1
0				

将所有样本的权值相加，并利用权值矩阵为对称矩阵，以及主对角线元素为 0 这两条性质可得最终的权值矩阵：

$$w = \begin{bmatrix} 0 & -2 & 2 & 0 \\ -2 & 0 & -2 & 0 \\ 2 & -2 & 0 & 0 \\ 0 & 0 & 0 & 0 \end{bmatrix}$$

（3）测试过程：设 $t^{(0)} = t$，此时网络的能量为（$\theta_i = 0$）：

$$E^{(0)} = 2$$

下面按照更新顺序实施串行更新。

更新第 2 位：

$$t_2^{(1)} = f(w_2 \times t^{(0)}) = f\left(\begin{bmatrix} -2 & 0 & -2 & 0 \end{bmatrix} \times \begin{bmatrix} 1 \\ 1 \\ 0 \\ 1 \end{bmatrix} \right) = f(-2) = 0$$

这里 $t_2^{(1)}$ 和 w_2 分别表示向量 $t^{(1)}$ 和矩阵 w 的第 2 行，所以在 $t^{(0)}$ 中保持其他状态位，仅仅更新第 2 个状态位为 0，可得到新的状态及网络能量为

$$t^{(1)} = \begin{bmatrix} 1 & 0 & 0 & 1 \end{bmatrix}^{\mathrm{T}}, E^{(1)} = 0$$

同样的方法可以更新第 1 位后得

$$t^{(2)} = \begin{bmatrix} 1 & 0 & 0 & 1 \end{bmatrix}^{\mathrm{T}}, E^{(2)} = 0$$

继续采用同样的方法可以更新第 3 位后得

$$t^{(3)} = \begin{bmatrix} 1 & 0 & 1 & 1 \end{bmatrix}^{\mathrm{T}}, E^{(3)} = -2$$

继续采用同样的方法可以更新第 4 位后得

$$t^{(4)} = \begin{bmatrix} 1 & 0 & 1 & 1 \end{bmatrix}^{\mathrm{T}}, E^{(4)} = -2$$

至此，第一轮更新结束，可采用同样的方法进行第二轮更新。更新第 2 位后得

$$t^{(5)} = \begin{bmatrix} 1 & 0 & 1 & 1 \end{bmatrix}^{\mathrm{T}}, E^{(5)} = -2$$

至此，我们发现已经出现了稳定状态，所以最终网络的输出及网络稳定时的能量为

$$y = t^{(5)} = \begin{bmatrix} 1 & 0 & 1 & 1 \end{bmatrix}^{\mathrm{T}}, E = E^{(5)} = -2$$

表明对于给定的测试数据最终的联想结果为大写 L。

4.5 卷积神经网络

在多层感知机中，相邻两层之间的神经元的连接为全连接方式，其训练过程存在严重的梯度扩散、局部最优、运算量大等问题。加拿大多伦多大学教授杰夫·辛顿（Geoff Hinton）根据生物学的重要发现，提出了著名的深度学习方法，解决了人工智能领域尽了最大努力但多年没有解决的问题。深度学习方法目前在人机博弈、图像识别、人脸识别、机器翻译、语音识别、自动问答、情感分析等领域都取得了令人瞩目的成绩。在众多的深度学习模型中，伊恩·勒坤（Yann LeCun）提出的卷积神经网络是最常用的深度学习模型之一。

4.5.1 基础知识

1. 矩阵的哈达玛积

矩阵的哈达玛积（Hadamard Product），也称为矩阵点乘（Element-Wise Product, Entrywise Product）。首先要求两个相乘的矩阵维度一致，各个维度大小一致，则两个矩阵对应元素逐一相乘所得到的新的矩阵，记作 $A°B$。

【例 4.5】 求下面两个矩阵的哈达玛积。

$$A = \begin{bmatrix} 1 & 2 & 3 \\ 4 & 5 & 6 \\ 7 & 8 & 9 \end{bmatrix}$$

$$B = \begin{bmatrix} 0 & 1 & 0 \\ 0 & 1 & 0 \\ 0 & 1 & 0 \end{bmatrix}$$

解：

$$A°B = \begin{bmatrix} 1\times0 & 2\times1 & 3\times0 \\ 4\times0 & 5\times1 & 6\times0 \\ 7\times0 & 8\times1 & 9\times0 \end{bmatrix} = \begin{bmatrix} 0 & 2 & 0 \\ 0 & 5 & 0 \\ 0 & 8 & 0 \end{bmatrix}$$

2. 卷积操作

设有两个矩阵 A 和 B，又设 B 为卷积核。两个矩阵维度一样，通常矩阵 B 大小要小于 A，则两个矩阵离散卷积的结果可以理解为进行下面的运算结果：

（1）将矩阵 A 按照矩阵 B 的大小，已给定的步长，以自左至右、自上而下的方式移动切片；

（2）求解每个切片矩阵和矩阵 B 的达玛积；

（3）针对每个结果矩阵，求全部元素的和；

（4）将求和结果按照切片位置排列。

【例 4.6】 假定横向和纵向的移动步长都是 1，求下面两个矩阵的卷积，其中 B 为卷积核。

$$A = \begin{bmatrix} 1 & 2 & 3 & 4 \\ 5 & 6 & 7 & 8 \\ 9 & 10 & 11 & 12 \\ 13 & 14 & 15 & 16 \end{bmatrix}$$

$$B = \begin{bmatrix} 0 & 1 & 0 \\ 0 & 1 & 0 \\ 0 & 1 & 0 \end{bmatrix}$$

解：A 的大小为 4×4，B 的大小为 3×3，则矩阵 A 按照矩阵 B 的大小，以自左至右、自上而下的方式切片，可以得到 4 个切片矩阵：

$$A_{11} = \begin{bmatrix} 1 & 2 & 3 \\ 5 & 6 & 7 \\ 9 & 10 & 11 \end{bmatrix}$$

$$A_{12} = \begin{bmatrix} 2 & 3 & 4 \\ 6 & 7 & 8 \\ 10 & 11 & 12 \end{bmatrix}$$

$$A_{21} = \begin{bmatrix} 5 & 6 & 7 \\ 9 & 10 & 11 \\ 13 & 14 & 15 \end{bmatrix}$$

$$A_{22} = \begin{bmatrix} 6 & 7 & 8 \\ 10 & 11 & 12 \\ 14 & 15 & 16 \end{bmatrix}$$

分别求 4 个切片矩阵与矩阵 B 的达玛积结果，这里只针对 A_{11} 的计算进行演示：

$$A_{11} \circ B = \begin{bmatrix} 1 \times 0 & 2 \times 1 & 3 \times 0 \\ 5 \times 0 & 6 \times 1 & 7 \times 0 \\ 9 \times 0 & 10 \times 1 & 11 \times 0 \end{bmatrix} = \begin{bmatrix} 0 & 2 & 0 \\ 0 & 6 & 0 \\ 0 & 10 & 0 \end{bmatrix}$$

求以上矩阵全部元素的和得 $r_{11} = 18$，同样的方法可以计算其他三个结果：$r_{12} = 21$，$r_{21} = 30$，$r_{22} = 33$。按照切片位置重排可得：

$$A \otimes B = \begin{bmatrix} r_{11} & r_{12} \\ r_{21} & r_{22} \end{bmatrix} = \begin{bmatrix} 18 & 21 \\ 30 & 33 \end{bmatrix}$$

3. 池化操作

对于给定的矩阵 A，池化窗口大小，移动步长，则对矩阵 A 求池化结果的过程可以这样理解：

（1）将矩阵 A 按照池化窗口大小和已给定的移动步长，以自左至右、自上而下的方式移动切片；

（2）针对每个切片矩阵，求解每个矩阵全部元素的最大值或者平均值，相应的池化操作又称为最大池化和平均池化；

（3）将求最大值或者平均值的结果按照切片位置排列。

【例 4.7】　设池化窗口尺寸为 2×2，横向和纵向的移动步长都是 2，针对下面的矩阵，求最大池化的结果。

$$A = \begin{bmatrix} 1 & 2 & 3 & 4 \\ 5 & 6 & 7 & 8 \\ 9 & 10 & 11 & 12 \\ 13 & 14 & 15 & 16 \end{bmatrix}$$

解： A 的大小为 4×4，池化窗口的大小为 2×2，横向和纵向的移动步长都是 2，则矩阵 A 按照矩阵以自左至右、自上而下的方式切片，可以得到 4 个切片矩阵：

$$A_{11} = \begin{bmatrix} 1 & 2 \\ 5 & 6 \end{bmatrix}$$

$$A_{12} = \begin{bmatrix} 3 & 4 \\ 7 & 8 \end{bmatrix}$$

$$A_{21} = \begin{bmatrix} 9 & 10 \\ 13 & 14 \end{bmatrix}$$

$$A_{22} = \begin{bmatrix} 11 & 12 \\ 15 & 16 \end{bmatrix}$$

针对以上矩阵，求全部元素的最大值可得 $r_{11} = 6$，$r_{12} = 8$，$r_{21} = 14$，$r_{22} = 16$。按照切片位置重排可得：

$$\begin{bmatrix} r_{11} & r_{12} \\ r_{21} & r_{22} \end{bmatrix} = \begin{bmatrix} 6 & 8 \\ 14 & 16 \end{bmatrix}$$

4. ReLU 激活函数

Sigmoid 函数容易产生梯度消失问题，为此人们引进了线性整流单元（Rectified Linear Unit，ReLU）作为激活函数。

$$\text{ReLU}(u) = \max(0, u) = \begin{cases} u & u \geqslant 0 \\ 0 & u < 0 \end{cases} \tag{4.24}$$

该函数的图像如图 4.11 所示。

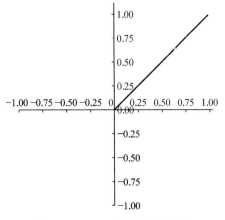

图 4.11　ReLU 激活函数图像

4.5.2 卷积神经网络

1. 网络结构的特点

图 4.12 是一个典型的卷积神经网络结构，此类网络主要用于图像的识别任务。可以看出此类网络的结构具有下面的特点：

（1）卷积神经网络通常由输入层、卷积层、池化层、全链接层（包括输出层）构成。

（2）信息处理没有回路，处理过程按照上述顺序进行。

（3）卷积层和池化层共同完成图像空间到特征空间的变换，为了获得良好的特征，一个卷积神经网络通常包括多个卷积层和池化层的组合。

（4）全链接层完成从特征空间到类别空间的映射，一个卷积神经网络通常包括多个全连接层，全链接层最后一层为输出层。

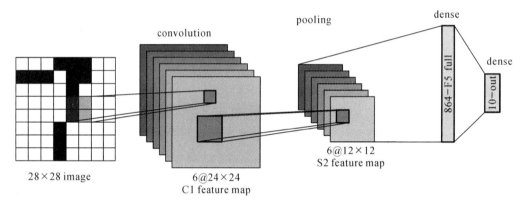

图 4.12　一个典型的卷积神经网络结构

不同任务的卷积神经网络结构不尽相同，但其基本原理本质上是一样的，读者可在此基础上进行相关的拓展阅读。

2. 信息处理流程简介

下面以图 4.12 所示的用于图像识别的卷积神经网络作为例子。

（1）输入层为原始图像。

（2）卷积层对输入进行特征变换，通常每个卷积层有多个卷积核，每个卷积核会产生一个特征图（Feature Map）。

（3）池化层对卷积层产生的特征图做进一步的浓缩。最后一个池化层产生的结果要拉伸成一个一维向量。

（4）一维向量送入全链接层进行类别映射，最后一个全链接层输出类别结果。

3. 网络参数学习方法简介

卷积神经网络与多层感知机在结构上有两点不同：

（1）卷积层的参数是共享的。

（2）池化层没有参数。

其他方面和多层感知机都相同，因此可以采用 BP 学习算法完成参数学习。

4.5.3 卷积神经网络的应用

通常采用成熟的神经网络工具箱构建和训练复杂结构的神经网络，构建和训练卷积神经网络也不例外，当前用于构建卷积神经网络的工具箱很多，如由谷歌（Google）公司推出的Tensorflow，以及亚马逊（Amazon）公司推出的 MXNET 等。下面以 Tensorflow 为例，演示这些深度学习工具箱的使用方法。

【例 4.8】 请编写程序实现基于卷积神经网络的手写数字识别，采用 MNIST 数据集，网络结构如图 4.12 所示。

解：下面是采用 Tensorflow 实现的版本。

```
import tensorflow as tf
from tensorflow.examples.tutorials.mnist import input_data
# 加载训练数据
mnist_data_folder="./MNIST"
mnist=input_data.read_data_sets(mnist_data_folder,one_hot=True)
# 建立识别模型
x = tf.placeholder(tf.float32, [None, 784])
x_img = tf.reshape(x, [-1, 28, 28, 1], name='x_img')
W_C1 = tf.Variable(tf.truncated_normal([5, 5, 1, 6], stddev=0.1))
b_C1 = tf.Variable(tf.truncated_normal([6], stddev=0.1))
h_C1 = tf.nn.relu(tf.nn.conv2d(x_img, W_C1, strides=[1, 1, 1, 1],
padding='VALID') + b_C1)
h_S1 = tf.nn.max_pool(h_C1, ksize=[1, 2, 2, 1], strides=[1, 2, 2, 1],
padding='VALID')
h_flatten = tf.reshape(h_S1, [-1, 12*12*6])
W_FC = tf.Variable(tf.truncated_normal([12*12*6, 10], stddev=0.1))
b_FC = tf.Variable(tf.truncated_normal([10], stddev=0.1))
y = tf.nn.relu(tf.matmul(h_flatten, W_FC) + b_FC)
# 建立损失函数
y_hat = tf.placeholder(tf.float32, [None, 10])
loss = tf.reduce_mean(tf.nn.softmax_cross entropy_with_logits_v2(labels=y_hat,
logits=y))
# 训练模型过程
train_step = tf.train.GradientDescentOptimizer(0.05).minimize(loss)
init = tf.global_variables_initializer()
correct_prediction = tf.equal(tf.argmax(y, 1), tf.argmax(y_hat, 1))
accuracy = tf.reduce_mean(tf.cast(correct_prediction, tf.float32)) #
tf.cast 为数据转换
```

```
with tf.Session() as sess:
    sess.run(init)

    for i in range(5000):
        batch_xs, batch_ys = mnist.train.next_batch(1000)
        sess.run(train_step, feed_dict={x: batch_xs, y_hat: batch_ys})

        if i % 100==0:
            print('测试准确率=', sess.run(accuracy, feed_dict={x: mnist.
test.images, y_hat: mnist.test.labels}))
```

该网络只用了一个卷积层和池化层，但是其测试准确率已经达到 97.8%左右。为了达到更高的准确率，可以进一步设计更优结构的网络，不断提升网络的特征学习能力和分类能力。

习　题

1. 请设计一个模拟"或"逻辑的人工神经元模型。

2. 世界干散货海运量从 1986 年至 1996 年的各年海运量如表 4.4 所示。请编写程序建立预测 1997 年运量的神经网络模型，并完成模型的训练和测试。

表 4.4　各年海运量

年度	运量	年度	运量	年度	运量
1986	1399	1990	1588	1994	1685
1987	1467	1991	1622	1995	1789
1988	1567	1992	1611	1996	1790
1989	1595	1993	1615		

提示：

（1）用前 5 年的作为特征，第 6 年的作为预测值，从而得到 5 个训练样本；

（2）预测 1996 年的运量可以作为测试样本；

（3）所有运量除以 10 000，使数据处于 0 到 1 之间。

3. 已知有 4 个神经元的离散 Hopfield 神经网络的权值矩阵为：

$$w = \begin{bmatrix} 0 & 2.8 & 2.5 & -2.6 \\ 2.8 & 0 & 4.5 & -1.1 \\ 2.5 & 4.5 & 0 & -5.5 \\ -2.6 & -1.1 & -5.5 & 0 \end{bmatrix}, \boldsymbol{\theta} = \begin{bmatrix} 5.2 \\ -3.2 \\ -1.6 \\ -7.6 \end{bmatrix}$$

（1）请计算当前状态为 $x = \begin{bmatrix} 1 \\ 0 \\ 1 \\ 0 \end{bmatrix}$ 时该神经网络的能量。

（2）假定采用异步更新方式，4个神经元的更新顺序是1234，试求出该状态对应稳态。

4. 已知有3个神经元的离散 Hopfield 神经网络的权值矩阵为

$$w = \begin{bmatrix} 0 & -\dfrac{2}{3} & \dfrac{2}{3} \\ -\dfrac{2}{3} & 0 & -\dfrac{2}{3} \\ \dfrac{2}{3} & -\dfrac{2}{3} & 0 \end{bmatrix}, \quad \theta = \begin{bmatrix} 0 \\ 0 \\ 0 \end{bmatrix}$$

（1）试验证该网络的稳态是 $\begin{bmatrix} 1 \\ -1 \\ 1 \end{bmatrix}$ 和 $\begin{bmatrix} -1 \\ 1 \\ -1 \end{bmatrix}$。

（2）设当前状态为 $x = \begin{bmatrix} 1 \\ 1 \\ 1 \end{bmatrix}$，请计算该状态对应的稳态。

5. 请采用卷积神经网络识别手写数字，网络结构如图 4.13 所示，数据集采用 MNIST。请编写出基于 Tensorflow 的程序。

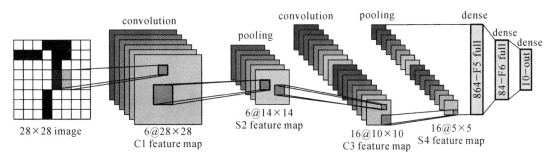

图 4.13　网络结构

第 5 章　视觉处理与应用

计算机视觉是人工智能领域中的一个重要分支，它旨在让计算机通过处理图像和视频数据，从而实现类似于人类视觉系统的功能和应用。作为一门交叉学科，计算机视觉涉及计算机科学、数学、物理学、工程学等多个领域，其发展受到计算能力、传感器技术、机器学习算法等多个因素的影响。

其中，视觉处理与应用是计算机视觉领域中的一个重要方向，它涉及将计算机视觉技术应用于实际问题中。在视觉处理方面，主要的任务包括图像分类、目标检测、语义分割和实例分割等。这些技术可以帮助人们从图像和视频数据中提取有用的信息，并进一步应用于各种实际场景中。在应用方面，视觉处理技术被广泛应用于各个领域，如自动驾驶、安防监控、医学影像分析、智能家居等。其中，自动驾驶是近年来应用最广泛的一个领域，通过视觉处理技术可以实现车辆的环境感知、行人检测、车道线识别等任务，从而实现自动驾驶的功能。此外，安防监控领域也是应用视觉处理技术的一个重要领域，如通过监控摄像头进行行人检测、异常检测等任务，从而实现安全监控。医学影像分析方面，视觉处理技术可以帮助医生进行诊断，如通过图像分割技术将影像中的肿瘤区域提取出来，以帮助医生进行诊断和治疗决策。

5.1　图像分类

图像分类是计算机视觉中的一项基本任务，它的目的是将一张图像分到预定义的类别中。通常来说，这个过程的基本步骤包括数据预处理、特征提取、特征表示、分类器训练和测试。

数据预处理是为了将输入图像转化为合适的形式以便于算法的处理。它包括图像缩放、裁剪、去噪和归一化等操作。

在特征提取阶段，计算机会提取图像中的关键特征，以便分类器可以更好地对图像进行分类。这个过程中通常会使用一些预训练的卷积神经网络（Convolutional Neural Network，CNN）来提取特征，这些 CNN 已经在大规模数据集上进行了训练，并且可以从图像中提取出一些高层次的语义特征，如颜色、形状和纹理等。

特征表示是将提取出来的特征表示成向量形式，便于输入分类器中进行分类。常用的特征表示方法有 Bag-of-Visual-Words（BoVW）和 CNN。

在分类器训练阶段，根据提取出的特征，分类器会将图像分配到一个或多个类别中。训练分类器时，我们通常使用带标签的图像数据集来训练，其中每个图像都已经被正确地分类到了对应的类别中。分类器会根据训练数据学习如何将不同的特征与不同的类别相关联，并且可以在未知图像上进行分类。常用的分类器包括支持向量机（SVM）、决策树、随机森林等。

除了传统的图像分类，还有一些相关的任务，如多标签图像分类和零样本图像分类。在多标签图像分类中，一个图像可以属于多个类别，而在零样本图像分类中，分类器必须在没有任何训练样本的情况下对新的类别进行分类。这些任务都可以看作是图像分类任务的扩展和变体，扩展了图像分类的应用场景和挑战。

5.1.1 数据预处理

在图像分类任务中，数据预处理是很重要的一个环节，它可以减少数据中的噪声和不必要的信息，提高模型的训练效果和泛化能力。常见的数据预处理技术包括以下几种。

（1）图像缩放：将图像大小统一固定，通常是将图像缩放到相同的尺寸，以便于模型的训练。在缩放时需要保持图像的宽高比，可以使用双线性插值、近邻取样插值和傅里叶变化等方法进行处理。

（2）数据增强：是一种常用的数据预处理方法，通过对原始图像进行旋转、平移、翻转、裁剪等操作，生成多个不同的训练样本，从而提高模型的泛化能力和健壮性。

（3）标准化：将图像的像素值进行标准化处理，通常是将像素值减去均值再除以标准差，可以使得数据分布得更加均匀，从而加快模型的训练收敛速度。

（4）数据集平衡：在图像分类任务中，不同类别的样本数量往往是不均衡的，这会导致模型的训练偏向于样本数量较多的类别。因此需要对数据集进行平衡处理，可以通过欠采样、过采样等方法来处理。

（5）数据归一化：对图像进行归一化处理，通常是将像素值除以 255，使得像素值的范围在 0 到 1 之间，以便于模型训练。

（6）数据格式转换：将图像数据从原始格式转换成模型所需的格式，通常是将图像转换成张量形式，以便输入神经网络中。

这些数据预处理技术可以单独使用（图 5.1 展示了这些技术的效果），也可以组合使用以便得到更好的效果。预处理的方法选择取决于数据集的特征和任务的要求。

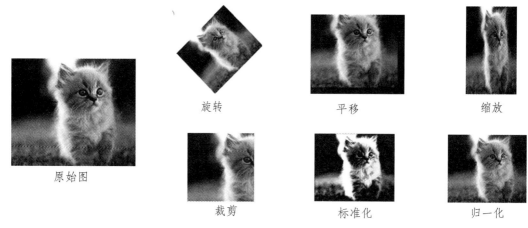

旋转　　　　　　　　平移　　　　　　　　缩放

原始图

裁剪　　　　　　　标准化　　　　　　　归一化

图 5.1　图像预处理

5.1.2　特征提取和特征表示

特征提取是指从原始的图像数据中提取出具有代表性、可区分性的特征，它的目的是将高纬度的数据转化为低纬度的特征向量，同时保留数据中最重要、最有用的信息，以便于后续的处理和分析。图像特征提取的常用方法有以下几种。

1. SIFT 特征

SIFT（Scale-Invariant Feature Transform）特征是一种局部特征描述子，它能够从图像中提取出具有旋转不变性和尺度不变性的局部特征，并且对于一定程度的视角和放射变换也具有不变性。其主要步骤是：

（1）尺度空间极值检测：使用高斯差分金字塔来检测尺度空间中的局部极值点。这些极值点会被用来提取出关键点。

（2）关键点定位：通过对极值点的精细定位来获得更准确的关键点位置。

（3）方向分配：为每个关键点分配一个主方向，以保证特征对旋转具有不变性。

（4）关键点描述：计算每个关键点周围像素的梯度和方向，并生成一个局部特征向量，该向量包含特征点的方向、大小和梯度信息。

（5）特征匹配：通过计算两个图像中的关键点描述符之间的距离或相似度，从而找到匹配的特征点对。

SIFT 算法的特点是具有较强的描述能力和健壮性，能够在不同光照、旋转、尺度变化等条件下保持稳定的匹配效果。它在许多计算机视觉任务中得到广泛应用，如图像拼接、目标识别和三维重建等。

2. HOG 特征

HOG（Histogram of Oriented Gradients）特征是一种局部特征描述子。它可以用来描述图像中的边缘和纹理等信息。HOG 特征的提取过程主要包括计算图像的梯度和方向直方图。HOG 特征的计算过程如下：

（1）图像预处理：将彩色图像转换为灰度图像，然后对图像进行归一化处理，以消除不同光照条件下的影响。

（2）计算图像梯度：计算每个像素点在水平和垂直方向上的梯度值。

（3）计算图像块的梯度直方图：将图像分成若干块，并在每个块内计算各个方向上的梯度直方图。

（4）归一化处理：对每个块的梯度直方图进行归一化处理，以消除光照变化的影响。

（5）生成特征向量：将所有块的归一化梯度直方图串联起来形成一个特征向量，这个特征向量就是 HOG 特征。

HOG 特征的优点是不受光照、尺度和旋转的影响，因此在目标检测和行人检测等领域应用广泛。缺点是计算量较大，且对于复杂纹理和形状的物体效果不佳。

3. LBP 特征

LBP（Local Binary Pattern）是一种图像局部纹理特征描述算子。它可以对图像中的每个像素点进行二值编码，并通过计算相邻像素点之间的差异来提取图像的局部纹理特征。

LBP 特征的计算过程如下：

（1）选择一个像素点作为中心点，通常选取灰度值比较稳定的像素点，如图像的边缘部分或角点等。

（2）以中心点为原点，选取一个圆形邻域，通常取 8 或 16 个像素点。

（3）对于邻域内的每个像素，将其灰度值与中心点的灰度值进行比较，如果像素灰度值大于等于中心点灰度值，则用 1 表示，否则用 0 表示，将得到一个二进制数值。

（4）将邻域内的所有二进制数值按顺序排列，得到一个二进制数串。

（5）将二进制数串转换为十进制数，作为该像素点的 LBP 特征值。

LBP 特征的优点是计算简单，对于纹理、边缘等局部信息有较好的描述能力，可以应用于实时处理。缺点是对于全局信息的描述能力较弱，对于图像的光照、旋转、尺度变化等不具备很强的不变性。

需要注意的是，不同特征提取方法适用于不同的图像分类任务，并且在实际应用中，通常需要通过实验和比较来确定最合适当前任务的特征提取方法。此外，在进行特征提取时，还需要进行数据的归一化和降维等预处理操作，以提高分类器的性能。

4. CNN 特征

卷积神经网络（CNN）是一种基于深度学习的图像特征提取方法。CNN 的主要思想是通过卷积层、池化层等操作来提取出图像的高级特征表示。在图像分类任务中，常常采用预训练好的 CNN 模型。将图像输入模型中提取特征，然后进行分类。

具体来说，CNN 中的每个层级都由若干个卷积层、池化层和激活层组成。在卷积层中，通过使用卷积核来提取图像中的特征。在每个卷积层中，多个卷积核会对输入图像进行卷积操作，从而生成一组新的特征图。然后通过一个非线性激活函数，如 ReLU，来激活这些特征图。池化层主要用于减小特征图的尺寸，从而减少计算量。常用的池化操作有最大池化和平均池化。在 CNN 的最后几层中，通常会有一个或多个全连接层，将卷积和池化层提取的特征图转换为具有类别概率的输出。

CNN 可以处理不同尺寸和颜色的图像，并且对于图片中的平移、旋转和缩放具有一定的健壮性。

图 5.2 给出了各个特征提取算法的处理结果。

   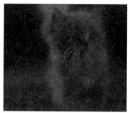

原始图　　　　　SIFT 特征提取　　　　　LBP 特征　　　　　CNN 特征

图 5.2　特征提取

5.1.3　分类器训练和测试

原始数据在经过上述步骤层层处理后，得到比较好的数据特征。这些特征被用于分类器的训练和测试。常见的分类器包括 Support Vector Machine（SVM）、朴素贝叶斯、决策树、随机森林等。分类器的测试过程需要使用未标注的测试数据集来验证分类器的性能。测试数据集的选择也要和训练集一样多样化，并且要保证数据的独立性，以准确地评估分类器的性能。在测试过程中，需要计算分类器的精确度、召回率、F1 值等指标，以评估分类器的分类能力。

1. SVM

支持向量机（SVM）是一种常见的监督学习算法，广泛应用于图像分类中。SVM 分类器的主要思想是将样本映射到高维特征空间，找到一个最优的超平面来将不同类别的样本分开。在图像分类中，SVM 可以用于分类一组已知标签的图像，将图像分为不同的类别。

高维特征空间由待分类图片确定，例如待分类的图片是 $32 \times 32 \times 3$（长宽都是 32 像素，3 是 RGB 3 个颜色通道）维的，那么图片所处的空间就是 3 072 维的空间。在这个高维空间中，通过由权重向量 $\boldsymbol{W}$ 和偏置项 b 确定一个（或一组）超平面来将图片进行分类，且平面两边的类别与平面的距离尽可能大（如图 5.3 所示，猫狗类别尽可能划分在平面 f 两侧）。平面可由下面公式确定：

$$f(x_i, \boldsymbol{W}, b) = \boldsymbol{W}x_i + b \qquad (5.1)$$

式（5.1）中，改变 $\boldsymbol{W}$ 可使平面旋转，改变 b 使平面平移。

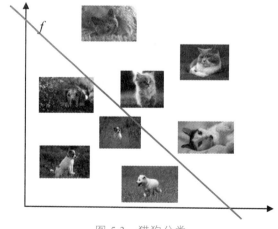

图 5.3　猫狗分类

SVM 算法在图像分类中的实现可以分为以下几个步骤：

（1）特征提取：SVM 算法需要将图像表示为一组特征向量，通常使用 SIFT、HOG、LBP 等特征提取方法来提取图像的局部特征。

（2）特征向量的归一化：对提取的特征向量进行归一化处理，使得不同特征的权重相同，避免某些特征对分类结果的影响过大。

（3）训练 SVM 分类器：使用归一化的特征向量作为训练数据，训练一个 SVM 分类器。训练过程中需要确定一些参数，如惩罚系数、核函数等。

（4）测试：对于新的图像，提取特征向量并输入训练好的 SVM 分类器中进行分类预测。

SVM 算法在图像分类中的应用有以下优点：

（1）可以处理高维数据：SVM 算法可以将图像映射到高维特征空间中进行分类，从而可以处理高维数据，提高分类准确度。

（2）可以处理小样本问题：SVM 算法可以通过核函数将低维数据映射到高维空间，从而可以处理小样本问题。

（3）健壮性较强：SVM 算法对噪声和异常点的健壮性较强，可以减少因为噪声和异常点导致的误分类。

总体来说，SVM 分类器在图像分类中的表现较为优秀，可以取得较高的分类精度。不过需要注意的是，在实际应用中，SVM 分类器的训练和测试时间较长，且需要对数据进行较为复杂的预处理和参数调优。因此，SVM 分类器的应用需要结合具体场景和需求进行选择与优化。

2. 朴素贝叶斯

朴素贝叶斯分类器是一种基于贝叶斯定理的概率分类算法。在图像分类中，朴素贝叶斯分类器被广泛应用于文本分类、人脸识别、物体识别等领域。它的核心思想是根据特征之间的独立性来进行分类。具体来说，它假设每个特征都是独立的，并且每个特征对于分类的重要性是相等的。

基于这个假设，朴素贝叶斯分类器可以通过计算每个类别在给定特征下的概率来进行分类。在图像分类中，朴素贝叶斯分类器通常采用直方图作为特征描述符。对于一张图像，可以统计它的颜色直方图、纹理直方图等特征直方图，并将这些直方图作为分类器的输入特征。在训练阶段，朴素贝叶斯分类器需要计算每个类别在给定特征下的概率。可以通过计算每个类别在训练集中出现的频率，以及在每个类别下每个特征出现的频率来计算概率。在图像分类任务中，朴素贝叶斯公式可以写成这样：

$$p(类别|特征) = \frac{p(特征|类别)p(类别)}{p(特征)} \tag{5.2}$$

在测试阶段，朴素贝叶斯分类器将输入图像的特征转化为概率分布，并选择概率最大的类别作为分类结果。与其他分类算法相比，朴素贝叶斯分类器具有计算速度快、适用于高维数据、对缺失数据具有健壮性等优点。但是，由于它的基本假设——特征之间的独立性，实际应用中可能会出现偏差。此外，朴素贝叶斯分类器对于输入特征的质量也有一定的要求，需要保证特征之间的独立性。

3. 决策树

决策树分类器是一种基于树形结构的分类方法，其主要思想是通过构建一棵决策树，将输入样本从根节点开始按照不同特征进行分类，直到到达叶子节点并输出对应的类别。在图像分类中，决策树分类器的输入通常是经过特征提取和处理后的图像特征向量，例如经过 SIFT 或 HOG 算法提取的特征向量。

在构建决策树时，需要选择合适的特征作为节点进行分类，通常可以采用信息增益或基尼指数等方法进行特征选择。决策树分类器的训练过程通常采用递归分治的方式，将数据集不断地划分成更小的子集，并针对每个子集继续构建决策树，直到到达叶子节点。在训练过程中，需要考虑如何避免过拟合问题，通常可以采用剪枝等技术进行优化。

在测试过程中，输入待分类的特征向量，通过遍历决策树的不同节点，最终确定输入样本的分类结果。决策树分类器在图像分类中具有一定的优点，如易于理解和解释、能够处理高维度数据和非线性关系等。但是也存在一些缺点，如容易受到噪声的影响、过于复杂的树结构容易导致过拟合等。

4. 随机森林

随机森林是一种基于决策树的集成学习算法，在图像分类任务中也被广泛应用。相较于单棵决策树，随机森林能够有效地避免过拟合，同时也能够在保持高准确率的同时具有较高的计算效率。

在图像分类任务中，随机森林的训练过程与传统的决策树相似，通过选择最优特征来构建多棵决策树。不同之处在于，随机森林中的每棵决策树都是在随机选择的数据子集上进行训练的，这样可以在保证决策树独立性的同时，避免了训练数据集对分类器的影响。在实际分类时，随机森林会将多个决策树的结果进行综合，以得到最终的分类结果。

随机森林分类器的优点：

（1）可以有效避免过拟合，具有较好的泛化能力；

（2）能够在大规模数据集上进行高效的训练和测试；

（3）能够同时处理多分类和回归问题。

随机森林分类器的缺点：

（1）需要对大量的参数进行调优，对于不同的任务需要进行不同的参数设置；

（2）无法处理非线性的数据关系；

（3）对于高维稀疏数据集的效果可能不如其他算法。

在实际应用中，随机森林分类器可以作为一种可靠的分类算法，尤其适用于处理大规模数据集和多分类问题。

5.2 目标检测

目标检测是计算机视觉中的一个重要任务，其目的是在图像或视频中识别出特定对象的位置和大小。与图像分类不同，目标检测需要对图像中的每个对象进行定位和分类，属于 Multi-task 问题。

目标检测可以分为两个子任务：目标定位和目标分类。目标定位的目标是确定图像中每个对象的位置和大小，通常使用边界框（bounding box）来表示目标的位置和大小。目标分类的目标是对每个目标进行分类，即确定该对象属于哪个类别。

目标检测的算法通常可以分为三类：基于区域的方法、基于单阶段的方法和基于 Transformer 的方法。

目标检测技术在很多领域都有广泛应用，如自动驾驶、视频监控、医学图像处理等。其中，自动驾驶领域中的实时目标检测是一个具有挑战性的问题，需要在高速移动的环境中准确地检测出各种类型的车辆、行人、交通信号灯等目标，确保安全驾驶。

5.2.1 基于区域的目标检测方法

基于区域的目标检测算法是一种常见的目标检测方法，它的基本思想是在图像中选取若干个候选区域，并对每个候选区域进行分类和位置回归，以确定该区域是否包含目标对象，并准确地定位出目标对象的位置。该算法主要包括以下几个步骤：

（1）候选区域生成：根据不同的算法，可以使用不同的方式生成候选区域，比如选择一些预定义的固定尺寸的区域或使用滑动窗口的方式在图像上进行扫描。

（2）特征提取：对于每个候选区域，提取出其内部的特征表示，以便后续的分类和回归操作。通常使用卷积神经网络（CNN）来提取特征，通过将候选区域作为网络的输入，得到其高维特征表示。

（3）目标分类：利用分类器对每个候选区域进行分类，以确定该区域是否包含目标对象。常用的分类器包括支持向量机（SVM）、多层感知机（MLP）等。

（4）边界框回归：对于被分类为目标对象的候选区域，需要进一步回归其准确的位置。通常采用回归器来学习候选区域的位置偏移量，以调整其位置，使其更准确地框住目标对象。

基于区域的目标检测算法相对于其他目标检测算法的优点在于可以对不同大小、不同形状的目标进行检测，而且在计算量上相对较小，具有一定的实用性。下面将介绍常见的几种算法。

1. RCNN 算法

RCNN（Region-based Convolution Neural Network）算法由 Ross Girshick 等人于 2014 年提出，它是一种两阶段的目标检测算法，具有较高的检测精度。

RCNN 先生成一组候选区域，然后对每个候选区域进行分类和边界框回归来实现目标检测。它是第一个通过在候选区域上使用卷积神经网络（CNN）进行物体检测的算法，为后续目标检测算法的发展奠定了基础。

RCNN 的基本思路是将图像分为多个候选区域，对每个候选区域进行分类和边界框回归。RCNN 包括以下步骤：

（1）候选区域生成：通过选择性搜索（Selective Search）算法生成多个候选区域。

（2）特征提取：对每个候选区域使用预训练的 CNN 网络提取特征。在 RCNN 中，常用的预训练网络是 ImageNet 数据集上的 AlexNet。

（3）分类：对每个候选区域的特征进行分类，判断其是否包含目标物体。在 RCNN 中，通常使用支持向量机（SVM）对每个候选区域进行分类。

（4）边界框回归：对于被分类为目标物体的候选区域，使用线性回归模型来微调其边界框坐标，以更准确地定位目标物体。

相较于传统的基于手工特征提取的目标检测算法，RCNN 引入了深度学习技术，能够更好地处理复杂的场景和变化。但是，RCNN 存在的一个问题是速度较慢，需要对每个候选区域进行独立的 CNN 特征提取，计算量较大。

2. Fast R-CNN 算法

Fast R-CNN 同样是 Ross Girshick 等人在 RCNN 算法的基础上提出的一种目标检测算法，它的主要特点是速度更快，检测精度更高。Fast R-CNN 在 RCNN 算法的基础上进行了一些改进。RCNN 算法采用的是 Selective Search 方法进行区域提取，这种方法虽然可以提取出可能包含目标的候选区域，但是非常耗时，而且提取出来的候选区域数量较多。Fast R-CNN 通过感兴趣区域（Region Of Interest, ROI）池化层来代替 RCNN 中的 Selective Search 进行区域提取，因此可以大大降低运算时间。ROI 池化层的作用是将不同大小的 ROI（感兴趣区域）池化成固定大小的特征图，这样每个 ROI 就对应一个固定大小的特征向量。

Fast R-CNN 网络结构包括共享卷积层、ROI 池化层、全连接层、分类和回归层。首先，在整张图片上运行卷积神经网络，提取出共享的特征图。然后，对于每个 ROI，通过 ROI 池化层将其映射到固定大小的特征图上。最后，将这些特征输入两个全连接层中，一个用于分类，一个用于回归。

Fast R-CNN 的损失函数由两部分组成：分类损失和回归损失。分类损失使用 softmax 函数计算，用于预测每个 ROI 所属的类别。回归损失用于校正每个 ROI 的位置偏差，以更准确地定位目标。

Fast R-CNN 相对于 RCNN 算法的优点在于：

（1）ROI 池化层代替了 Selective Search，大大降低了计算时间；

（2）使用共享卷积层，提取特征时可以共享计算，减少计算量；

（3）使用多任务损失函数，可以同时进行分类和回归，提高了模型效率和准确性。

后续引入 Faster R-CNN 和 Mask R-CNN 等方法，使得目标检测的速度和准确率都有所提升。

5.2.2　基于单阶段的目标检测方法

基于单阶段的目标检测方法是一种直接从整张图片中输出目标位置和类别的检测方法。这类方法通常具有较快的检测速度和较高的准确度，因此被广泛应用于实时性要求较高的场景，如自动驾驶、物体跟踪、视频分析等领域。

常见的基于单阶段目标检测方法包括 YOLO（You Only Look Once）、SSD（Single Shot Detector）、RetinaNet 等。这些方法通常使用深度神经网络作为检测器，并在网络的最后一层输出目标的位置和类别预测。相对于基于区域的目标检测方法，基于单阶段的目标检测方法没有选择性地对图像区域进行检测，从而具有更高的检测速度。此外，这些方法通常采用更高级别的特征来提取目标特征，从而可以在一定程度上提高检测准确率。下面将介绍这几种经典的算法。

1. TOLO 算法

YOLO（You Only Look Once）算法是一种基于单阶段的目标检测算法，其主要思想是将目标检测问题转化为一个回归问题，直接预测物体的类别和位置。

YOLO 算法的流程如下：

（1）将输入图像划分为网格（Grid）：YOLO 将输入图像划分为 $S \times S$ 个网格，每个网格负责检测其中包含的目标。

（2）对每个网格预测目标：每个网格中心预测 B 个边界框（Bounding Box），每个边界框包含目标的位置和大小信息，以及对该目标属于各个类别的置信度（Confidence Score）。

（3）计算目标得分：针对每个边界框，根据类别置信度和目标的位置、大小信息计算该目标的得分。

（4）非极大值抑制（NMS）：对于每个类别，通过 NMS 算法去除重叠的边界框，只保留得分最高的一个边界框。

（5）输出检测结果：最终输出检测到的目标的类别、位置和置信度。

YOLO 算法的特点有：

（1）速度快：由于 YOLO 只需要一次前向计算就可以得到所有边界框的预测结果，因此速度很快，可以达到实时检测的要求。

（2）准确性较低：YOLO 在小目标检测和物体遮挡的情况下表现不佳，因为在较小的网格中预测边界框和较小的物体往往比较困难。

（3）不支持多尺度输入：YOLO 只有一个全局池化层，因此不能处理多尺度输入的情况。

近年来，YOLO 算法也经历了多个版本的升级，如 YOLO v2、YOLO v3 和 YOLO v4 等，不断提升了准确性和速度。

2. SSD 算法

SSD（Single Shot MultiBox Detector）算法是一种基于单阶段的目标检测算法。与 YOLO 算法相似，SSD 算法也是在一个卷积神经网络中同时预测多个物体的位置和类别。

SSD 算法主要包含以下几个步骤：

（1）网络的搭建：SSD 网络主要由两部分组成：一个特征提取网络和一个检测网络。特征提取网络使用一个预训练的卷积神经网络（如 VGG）作为基础网络，在此基础上添加几个额外的卷积层来提取不同尺度的特征图。检测网络则是在每个特征图上应用多个卷积层和全连接层来预测物体的位置和类别。

（2）物体检测：在 SSD 算法中，每个特征图负责检测不同大小和长宽比的物体。对于每个特征图上的每个位置，SSD 算法会使用不同大小和长宽比的锚框（Anchor Boxes）来对物体进行检测。每个锚框都与一些特定的物体进行匹配，然后使用卷积层和全连接层来预测物体的位置和类别。

（3）损失函数：SSD 算法使用一个综合的损失函数来训练模型。该损失函数由两个部分组成：分类损失和定位损失。分类损失用于惩罚分类错误，定位损失用于惩罚位置误差。SSD 算法采用了一种称为 Hard Negative Mining 的技术，以处理训练数据中的不平衡性问题。

（4）非极大值抑制：SSD 算法使用非极大值抑制（NMS）来去除重叠的检测框。NMS 算法根据检测框的置信度和 IOU（交并比）来选择最终的检测结果。

相比于传统的基于区域的目标检测算法，SSD 算法具有以下优点：

（1）效率更高：SSD 算法采用单个网络进行物体检测，相对于 RCNN 算法等基于区域的算法，可以大大减少计算量，提高检测速度。

（2）检测精度更高：SSD 算法采用了多个尺度的特征图进行检测，可以更好地捕捉物体的多尺度特征，从而提高检测精度。

（3）可扩展性更好：SSD 算法可以通过增加或减少特征图的数量和大小，来适应不同的检测任务和硬件要求，具有较好的可扩展性。

同时，SSD 算法也存在一些缺点：

（1）目标定位不够精确：相比于基于区域的算法，SSD 算法采用单个网络进行物体检测，可能导致目标的定位不够精确。

（2）对小目标的检测效果不佳：因为 SSD 算法采用了多个尺度的特征图进行检测，对于较小的目标可能会受到较大的压制，导致检测效果不佳。

（3）需要大量的训练数据：SSD 算法需要大量的训练数据来训练网络，否则可能会出现欠拟合或过拟合的问题。

3. RetinaNet 算法

RetinaNet 是一种基于单阶段的目标检测算法，由 Facebook AI Research 团队在 2017 年提出。它主要是为了解决在单阶段目标检测中存在的正负样本不均衡问题而设计的。RetinaNet 采用了一种新的损失函数，称为 Focal Loss，可以缓解正负样本不均衡带来的影响。

RetinaNet 算法的主要思想是在一个骨干网络（如 ResNet）的基础上，构建一个特征金字塔网络（FPN）来处理不同尺度的特征图。然后，通过一个卷积层来预测每个特征点处的物体类别和位置信息。RetinaNet 采用了一种特殊的卷积层，称为"特征金字塔网络（FPN）层"，用于处理不同尺度的特征图，并将它们融合在一起来进行检测。

RetinaNet 算法的核心是 Focal Loss 损失函数，它可以针对正负样本不均衡问题进行优化。Focal Loss 函数可以调整难易样本的权重，将容易被分类正确的样本权重下降，从而提高难样本的权重，使得模型更加关注难以分类的样本，进一步提高检测精度。具体来说，Focal Loss 函数的计算方式为：

$$\mathrm{FL}(p_t) = -\alpha_t (1 - p_t)^\gamma \log(p_t)$$

式中，p_t 表示分类器预测为正样本的概率；α_t 是一个权重因子，用于平衡正负样本的数量；γ 是调节难易样本的超参数。

RetinaNet 算法在多个目标检测数据集上进行了实验，结果表明，相比于其他目标检测算法，它具有更好的检测精度，并且在处理正负样本不均衡问题方面表现出色。同时，RetinaNet 算法也具有较高的效率，在保持高精度的同时可以实现实时检测。

5.2.3 基于 Transformer 的目标检测方法

基于 Transformer 的目标检测方法是近年来的研究热点之一。Transformer 最初是应用于自然语言处理任务中的一种神经网络结构，但随着其强大的建模能力和并行化处理的能力，被引入计算机视觉领域，被用于解决目标检测、图像分割等任务。

目前，基于 Transformer 的目标检测方法主要分为两种：一种是在传统的目标检测算法中加入 Transformer 结构，如 DETR（Detection Transformer）和 SAPD；另一种是直接将 Transformer 作为检测器，如 TOD 和 DEFORMER。下面将介绍 DETR 算法和 TOD 算法。

1. DETR 算法

DETR（DEtection TRansformer）是一种典型的基于 Transformer 的目标检测方法，由 Facebook AI Research 团队提出。它将传统的目标检测框架中的 RCNN 结构替换为 Transformer 编码器-解码器结构。DETR 算法先将输入的图像通过 CNN 网络提取特征，然后将特征图作为 Transformer 编码器的输入，同时对每个检测框的位置和类别进行编码，通过 Transformer 解码器输出检测框的位置和类别信息。DETR 算法的主要步骤如下：

（1）Encoder：使用卷积神经网络对输入图像进行编码，得到一组特征向量。

（2）Transformer：采用 Transformer 架构对特征向量进行处理，得到一组具有上下文信息的特征向量序列。

（3）Object Queries：引入一组可学习的对象查询向量（Object Queries），用于从特征向量序列中选择与目标对象最匹配的特征向量。

（4）Decoder：采用解码器对选择的特征向量进行分类和边界框预测，得到所有对象的类别和边界框。

（5）Loss Function：通过交叉熵损失函数和 IoU 损失函数来训练模型。

与传统的目标检测算法相比，DETR 算法具有以下优点：

（1）端到端训练：DETR 算法可以直接端到端地进行训练，避免了传统 RCNN 算法中先训练分类器再训练回归器的过程。

（2）灵活性：DETR 算法可以直接输出不同数量的检测框，因此可以很容易地适应不同数量的目标检测任务。

（3）准确性：DETR 算法可以同时进行检测框的位置和类别预测，避免了传统 RCNN 算法中两者之间的误差累积，因此具有更高的检测准确性。

总之，基于 Transformer 的目标检测方法在目标检测领域具有很大的潜力和发展前景，它将为我们提供更为高效、准确、灵活的目标检测算法。

2. TOD 算法

TOD（Transformer-based Object Detection）算法是一种基于 Transformer 的目标检测算法，由华为 Noah's Ark 实验室提出。与传统的基于卷积神经网络的目标检测算法不同，TOD 算法主要采用了 Transformer 架构，将目标检测问题转化为一个序列标注问题，可以同时预测物体的类别和边界框信息。

TOD 算法主要包含以下几个步骤：

（1）特征提取：使用一个预训练的卷积神经网络（如 ResNet）对输入图像进行特征提取，得到一个大小为 $N×C×H×W$ 的特征图，其中 N 是 Batch Size，C 是通道数，H 和 W 分别是特征图的高度和宽度。

（2）Transformer 编码器：将特征图按照空间位置展开成一个序列，输入一个 Transformer

编码器中，得到一个大小为 $N×L×D$ 的隐状态矩阵，其中 $L=H×W$ 是序列长度，D 是 Transformer 编码器的输出维度。

（3）Transformer 解码器：将一个大小为 $1×1×D$ 的固定向量作为初始状态，输入一个 Transformer 解码器中，与隐状态矩阵进行交互，得到一个大小为 $N×L×D$ 的新的隐状态矩阵，其中 L 是输出序列长度，D 是 Transformer 解码器的输出维度。

（4）物体检测：对新的隐状态矩阵进行处理，得到物体类别和边界框信息的预测结果。

TOD 算法的优点主要有：

（1）具有较强的语义理解能力：Transformer 编码器和解码器可以充分考虑物体之间的语义关系，有利于提高目标检测的准确率。

（2）具有较好的扩展性：TOD 算法可以很容易地扩展到检测多类别、多物体、多场景等复杂任务。

（3）具有较高的效率：TOD 算法在物体检测任务上取得了与当前最先进算法（如 YOLOv4、EfficientDet）相当的检测精度，同时具有更快的检测速度。

5.3　语义分割

语义分割是计算机视觉中的一个任务，旨在将一张图像分割成多个区域，并为每个区域分配一个语义类别标签。与目标检测任务不同，语义分割不仅需要检测出图像中的物体，还需要将每个像素与相应的语义类别进行关联。

语义分割的实现通常使用深度学习技术，特别是卷积神经网络（CNN）。CNN 通常由一个或多个卷积层、池化层和全连接层组成。对于语义分割任务，CNN 中的卷积层会输出图像中每个位置的特征向量。然后，这些特征向量被输入一些附加的层中，以对特征向量进行解码，产生像素级的分类结果。常用的语义分割模型包括 U-Net、FCN（全卷积网络）、SegNet、DeepLab 等。这些模型在语义分割领域中取得了很好的效果。

语义分割可以被广泛应用于许多领域，如自动驾驶、医学影像分析、图像和视频分析、智能家居等。

5.3.1　U-Net 模型

U-Net 是一种常用的用于语义分割任务的卷积神经网络模型，由 Olaf Ronneberger、Philipp Fischer 和 Thomas Brox 于 2015 年提出。U-Net 主要用于图像分割，其设计灵感来自神经形态学中对神经元的描述。

U-Net 的基本结构由一个下采样和一个上采样组成。下采样部分（Encoder）由一系列的卷积、池化、激活函数组成，其作用是将输入图像转换为一系列特征图。上采样部分（Decoder）则由一系列的反卷积、跳跃连接、卷积和激活函数组成，其作用是将特征图转换回输入图像大小，并进行像素级别的分类。其中，跳跃连接是指将 Encoder 中相应的特征图与 Decoder 中的特征图进行连接，从而保留了较低层次的特征信息。

在训练过程中，U-Net 通常采用像素级交叉熵作为损失函数，其目标是最小化预测分割图像和真实分割图像之间的距离。此外，U-Net 还可以采用数据增强等方法来增加训练集大小，防止模型过拟合。

U-Net 在医学图像分割等领域取得了广泛应用，其较好的分割效果和相对简单的结构使得它成为了语义分割领域的经典模型之一。同时，U-Net 的设计思路也启发了后来的一系列语义分割模型的发展。

5.3.2　FCN 模型

FCN（Fully Convolutional Network）是一种用于图像语义分割的深度学习模型，它不仅能够对输入图像中的每个像素进行分类，还能够输出与原始图像相同大小的像素级别的分割结果。

FCN 模型的主要思想是将传统的全连接层替换为全卷积层，这使得模型可以接受任意大小的输入图像，并输出对应大小的分割结果。FCN 模型一般包含编码器和解码器两个部分，其中编码器是一个卷积神经网络用于提取输入图像的特征，而解码器则将特征图逐步上采样并与编码器的特征图进行融合，最终输出像素级别的分割结果。

具体来说，FCN 模型的解码器部分通常采用反卷积层或上采样层进行上采样操作，同时与编码器的特征图进行融合。在融合过程中，FCN 模型采用了跳跃式连接（Skip Connections）的思想，即将编码器中的一些浅层特征图与解码器中对应的层进行融合，从而使得模型可以同时利用浅层和深层特征进行分割。

相比于传统的基于滑动窗口的方法，FCN 模型具有以下优点：

（1）可以处理任意大小的输入图像，具有较强的灵活性和泛化能力。

（2）可以输出像素级别的分割结果，具有更细粒度的分割能力。

（3）通过跳跃式连接，可以利用多层次的特征信息，从而提高分割的准确性和健壮性。

（4）FCN 模型被广泛应用于医疗图像分割、自然场景图像分割等领域，并在多个数据集上取得了较好的效果。

5.3.3　SegNet 模型

SegNet 模型是一种基于卷积神经网络（CNN）的语义分割模型，由剑桥大学的 Vijay Badrinarayanan 等人于 2015 年提出。

SegNet 模型的主要特点是采用了编码器-解码器结构，其中编码器部分使用了 VGG16 卷积神经网络的前 13 层，而解码器部分则是对编码器进行上采样操作的逆过程。

具体来说，SegNet 模型将输入图像通过编码器部分进行卷积操作和池化操作，提取出高层次的特征，然后通过解码器部分将特征图进行上采样操作，最终得到与输入图像相同大小的分割结果。

SegNet 模型与 FCN 模型相比，最大的区别在于解码器部分的设计。FCN 模型采用了反卷积层进行上采样操作，而 SegNet 模型则采用了最大池化层的索引进行上采样，避免了反卷积层可能带来的降采样误差。

SegNet 模型在 Pascal VOC 2012 数据集上进行实验，取得了与 FCN 模型相当的分割精度，但训练速度和测试速度都要快于 FCN 模型。然而，由于 SegNet 模型的编码器部分采用了 VGG16 模型的前 13 层，所以模型参数数量相对较大，需要更多的计算资源和存储资源。

5.4　实例分割

实例分割是计算机视觉中的一项任务，旨在将图像中的每个目标实例分割成单独的像素区域。与语义分割不同，实例分割不仅要分割出不同的物体类别，还要分割出同一物体的不同实例。

实例分割是一项具有挑战性的任务，因为它需要同时完成物体检测和语义分割两个任务。它需要计算机理解图像中不同物体的边界和形状，并将它们分割成单独的实例。实例分割可以在许多应用程序中使用，如自动驾驶、机器人视觉、医学图像分析等。

实例分割的常用方法是基于深度学习的方法，特别是基于卷积神经网络（CNN）的方法。这些方法通常使用一个网络来预测每个像素属于哪个物体实例，通常会将目标检测和语义分割结合起来。这些方法还需要大量标记的训练数据来训练模型，通常需要手动标记像素级别的分割边界。

近年来，一些新的方法已经被提出，例如实例分割中的 Mask R-CNN 和实例分割中的 YOLACT，它们使用更有效的网络架构和训练策略，可以在更少的训练数据下实现更好的性能。此外，一些方法还使用深度学习和传统计算机视觉技术的结合，例如在基于深度学习的方法中使用传统的图像分割技术来提高性能。

5.4.1　Mask R-CNN 算法

Mask R-CNN 是一种基于 Faster R-CNN 的实例分割算法，能够同时完成目标检测和像素级别的分割任务。它由 Kaiming He 等人于 2017 年提出，是一种非常成功的实例分割算法之一。

Mask R-CNN 的整个网络结构包含两个部分：共享的卷积神经网络和分别针对目标检测和分割的两个分支。其中，共享的卷积神经网络主要用于从原始图像中提取特征，检测分支则在此基础上使用 Faster R-CNN 进行目标检测，分割分支则在检测分支的基础上增加了一个分割网络。Mask R-CNN 主要有以下几个步骤：

（1）Backbone 网络：与 Faster R-CNN 一样，Mask R-CNN 的第一步是使用卷积神经网络作为 Backbone 网络，将输入图像进行特征提取。

（2）Region Proposal Network（RPN）：在特征图上运行 RPN，生成候选区域（Region Proposals）。

（3）RoI Align：使用 RoI Align 对生成的候选区域进行精确的特征图上的裁剪和对齐，以解决 RoI Pooling 过程中可能出现的信息损失问题。

（4）分类与回归：使用 RoI Align 得到的特征图进行分类和回归，得到物体的位置和类别信息。

（5）Mask 分支：在 RoI Align 得到的特征图上增加一个 Mask 分支，用于预测每个物体的掩码（Mask），实现实例分割任务。

Mask R-CNN 相比于 Faster R-CNN 主要的改进在于增加了一个 Mask 分支，用于实现实例分割。Mask R-CNN 的 Mask 分支使用了全卷积网络（Fully Convolutional Network, FCN）来预测每个物体的掩码。掩码预测的过程可以看作是对每个像素点进行二分类，决定它是否属于某个物体的一部分，从而实现了实例分割。

Mask R-CNN 相比于其他实例分割算法，具有以下优点：

（1）精度高：Mask R-CNN 可以同时进行物体检测和实例分割，从而提高了检测和分割的准确性。

（2）速度快：Mask R-CNN 的速度相对于其他实例分割算法较快，可以在保持精度的情况下大幅度提高运行速度。

（3）可扩展性强：Mask R-CNN 的架构可以方便地进行改进和扩展，可以适应不同的数据集和任务。

5.4.2 YOLACT 算法

YOLACT 是一种基于实例分割的目标检测算法，它可以同时检测和分割图像中的多个物体，并且具有较快的速度和较高的准确率。YOLACT 算法采用了两个网络，一个是基于 ResNet 的物体检测网络，另一个是基于 Mask Prediction 的分割网络。下面将详细介绍 YOLACT 算法的网络结构和算法流程。

YOLACT 算法主要包括以下几个步骤：

（1）物体检测网络：YOLACT 采用的是基于 ResNet 的物体检测网络，该网络用于检测图像中的物体，并生成候选区域。在网络结构上，YOLACT 将 ResNet 中的最后一个池化层替换成了一个特征金字塔网络，用于提取不同尺度的特征图，从而检测不同大小的物体。

（2）特征金字塔网络：特征金字塔网络用于提取不同尺度的特征图，并用于后续的实例分割任务。在 YOLACT 算法中，特征金字塔网络采用了 FPN 结构，即将不同层的特征图通过上采样和下采样进行融合，从而得到具有不同分辨率的特征图。

（3）分割网络：分割网络用于对每个检测到的物体进行像素级别的分割，得到物体的掩码。在 YOLACT 算法中，分割网络采用了 Mask Prediction 结构，即通过在检测到的物体区域内进行全卷积操作，生成对应的掩码。

（4）实例掩码输出：最后，YOLACT 将检测到的物体区域和对应的掩码结合起来，输出物体的类别、位置和掩码信息，实现了同时检测和分割多个物体的目标。

相比于其他实例分割算法，YOLACT 算法具有以下优点：

（1）较快的速度：YOLACT 采用了特征金字塔网络和 Mask Prediction 结构，可以在保证准确率的情况下实现较快的速度。

（2）更准确的实例分割结果：YOLACT 算法在分割网络中采用了 Mask Prediction 结构，能够生成更准确的实例掩码，从而提高了实例分割的准确率。

（3）更好的通用性：YOLACT 算法采用了 ResNet 和 FPN 等通用的网络结构，能够适用于不同的图像数据集和目标类别。

5.4.3 Panoptic FPN 算法

Panoptic FPN 是一种用于图像和视频场景中的全景分割的深度学习算法。该算法是在 Mask R-CNN 和 Feature Pyramid Network（FPN）的基础上进行改进的，能够同时生成实例分割和语义分割结果。

Panoptic FPN 算法使用一种称为"Panoptic Segmentation"的新型分割范式，它将实例分割和语义分割结果相结合。具体来说，算法将场景中的每个像素分为两个部分：物体部分和背景部分。对于物体部分，算法使用实例分割的方式对其进行标注，而对于背景部分，算法使用语义分割的方式对其进行标注。这种分割方式既包含物体信息，又包含场景语义信息，从而能够更好地理解场景。

Panoptic FPN 算法的主要流程：

（1）基于 FPN 网络提取图像特征，得到一系列具有不同尺度和语义信息的特征图。

（2）将这些特征图输入 Mask R-CNN 模型中，生成物体部分的实例分割结果。

（3）对于背景部分，使用一个称为"Semantic Segmentation Head"的模块，对特征图进行处理，得到语义分割结果。

（4）将实例分割和语义分割结果相结合，得到全景分割结果。

相比于传统的实例分割和语义分割算法，Panoptic FPN 算法有以下优点：

（1）可以同时生成实例分割和语义分割结果，且结果质量较高。

（2）能够更好地理解场景，提高对场景的理解和描述能力。

（3）算法在处理大型图像和视频场景时具有较高的效率和可扩展性。

因此，Panoptic FPN 算法在图像和视频场景中的全景分割任务中得到了广泛的应用。

本章小结

本章主要介绍了计算机视觉的四大基本任务：图像分类、目标检测、语义分割和实例分割，并给出了各个任务的视觉处理技术和实际应用。

在图像分类任务中，主要介绍了视觉处理的基本操作，包括图像数据预处理、特征提取和分类器训练等。数据预处理方法主要有数据增强、图像归一化和标准化等；特征提取主要有 SIFT、HOG 和 CNN 等方法；分类器的介绍包括 SVM、决策树和朴素贝叶斯等几个基本的分类器。

在目标检测任务中，主要介绍了基于区域（两阶段）的目标检测算法、基于单阶段的目标检测算法和基于 Transformer 的目标检测算法中常见的几种模型。基于区域的目标检测方法有 RCNN、Fast RCNN 等主要模型；基于单阶段的目标检测主要有 YOLO 和 SSD 等主要模型；基于 Transformer 的目标检测常用的有 DETR 和 TOD 这两个算法。

语义分割和实例分割主要介绍了它们常用的模型，语义分割中常用的模型是 U-NET 模型、FCN 模型和 SegNet 模型，实例分割中常用的模型有 Mask RCNN、YOLACT 和 Panoptic FPN 等。

第6章　自然语言处理与应用

自然语言处理（Natural Language Processing，NLP），主要研究对自然语言的认知、理解、执行等，是人工智能领域中的一个重要子领域。研究目的是实现人与计算机之间可以用自然语言进行有效通信。自然语言处理的研究需要运用语言学、计算机科学、统计技术。自然语言，即人们日常使用的语言。自然语言处理并不是一般地研究自然语言，而在于研究设计能成功实现人机用自然语言通信的计算机系统，特别是其中的软件系统。

自然语言已经渗透到日常生活中。最常见的自然语言技术有 Alexa、Siri 和 Google Assistant 等，这些技术能够通过识别语音模式来推断意义并提供适当的响应。自然语言处理主要应用于机器翻译、舆情监测、自动摘要、观点提取、文本分类、问题回答、文本语义对比、语音识别、中文 OCR 等方面。

6.1　简　述

自然语言处理的相关研究始于人类对机器翻译的探索。自然语言处理是以语言为对象，利用计算机技术来分析、理解和处理自然语言的一门学科，利用计算机对人类语言进行定量化的研究，实现人类用自然语言和计算机进行信息交互。自然语言处理包括自然语言理解（Natural Language Understanding，NLU）和自然语言生成（Natural Language Generation，NLG）两部分。实现人机间自然语言通信意味着要使计算机既能分析理解自然语言的意义，也能以自然语言来表达；前者称为自然语言理解，后者称为自然语言生成。它是典型边缘交叉学科，涉及语言科学、计算机科学、数学、认知学、逻辑学等，关注计算机和人类自然语言之间的相互作用的领域。

自然语言处理，远比人们想象的复杂，主要是因为自然语言文本和语音广泛存在的各种各样的歧义性或多义性。从现有的理论和技术现状看，通用的、高质量的自然语言处理系统还是我们的努力目标，但是针对一定应用，具有相当自然语言处理能力的实用系统已经出现，有些已商品化、产业化。典型的例子有多语种数据库和专家系统的自然语言接口、各种机器翻译系统、全文信息检索系统、自动文摘系统等。

自然语言的形式（字符串）与其意义之间是一种多对多的关系。但从计算机处理的角度看，我们必须消除歧义，有学者认为它正是自然语言理解中的中心问题，即要把带有潜在歧义的自然语言输入转换成某种无歧义的计算机内部表示。

歧义现象的广泛存在使得消除它们需要大量的知识和推理，这就给基于语言学的方法、基于知识的方法带来了巨大的困难。几十年来以这些方法为主流的自然语言处理研究，虽然在理论和方法方面取得了很多成就，但在处理大规模真实文本的系统研制方面，成绩并不显著。目前研制的一些系统大多数是小规模的、研究性的演示系统。

目前存在的问题有两个方面：一方面，迄今为止的语法都限于分析一个孤立的句子，上下文关系和谈话环境对本句的约束及影响还缺乏系统的研究，因此分析歧义、词语省略、代词所指、同一句话在不同场合或由不同的人说出来所具有的不同含义等问题，尚无明确规律可循，需要加强语用学的研究才能逐步解决。另一方面，人理解一个句子不是单凭语法，还运用了大量的相关知识，包括生活知识和专业知识，这些知识无法全部储存在计算机里。因此，一个书面理解系统只能建立在有限的词汇、句型和特定的主题范围内；计算机的储存量和运转速度大大提高之后，才有可能适当扩大范围。

本章主要介绍自然语言处理中机器翻译、语音识别两大类内容。

6.2 自然语言处理的发展概况

自然语言处理是从 20 世纪 50 年代开始发展的，发展主要分为三个阶段。

1. 早期自然语言处理

第一阶段（20 世纪 60—80 年代）：最初的研究工作是机器翻译，基于规则来进行词汇、句法语义分析，设计问答、聊天和机器翻译系统。起步快速，问题是覆盖面不足，规则管理和扩展性一直没有解决。其中 1949 年，美国人威弗首先提出了机器翻译设计方案。1954 年，美国乔治敦大学（Georgetown University）在 IBM 公司协同下，用 IBM-701 计算机首次完成了英俄机器翻译试验，向公众和科学界展示了机器翻译的可行性，之后问答系统的发展也有了进展。20 世纪 60 年代，出现了句法分析、语义分析、逻辑推理相结合的自然语言系统。

2. 统计自然语言处理

第二阶段（20 世纪 90 年代开始）：基于统计的机器学习开始流行，很多自然语言处理开始用基于统计的方法来做。主要思路是利用带标注的数据，基于人工定义的特征建立机器学习系统，并利用数据经过学习确定机器学习系统的参数。运行时利用这些学习得到的参数，对输入数据进行解码，得到输出。机器翻译、搜索引擎都是利用统计方法获得了成功。

3. 神经网络自然语言处理

第三阶段（2008 年之后）：深度学习开始在语音和图像处理方面发挥巨大作用。随之，自然语言处理研究者开始把目光转向深度学习。先是把深度学习用于特征计算或者建立一个新的特征，然后在原有的统计学习框架下体验效果。例如，搜索引擎加入深度学习的检索词和文档的相似度计算，以提升搜索的相关度。自 2014 年以来，人们尝试直接通过深度学习建模，进行端对端的训练。目前已在机器翻译、问答、阅读理解等领域取得了进展，出现了深度学习的研究热潮。

6.3 机器翻译

机器翻译，又称为自动翻译，是利用计算机将一种自然语言（源语言）转换为另一种自然语言（目标语言）的过程。它是计算语言学的一个分支，是人工智能的终极目标之一，具有重要的科学研究价值。

机器翻译技术的发展一直与计算机技术、信息论、语言学等学科的发展紧密相随。从早期的词典匹配，到词典结合语言学专家知识的规则翻译，再到基于语料库的统计机器翻译，随着计算机计算能力的提升和多语言信息的爆发式增长，机器翻译技术逐渐走出实验室，开始为普通用户提供实时便捷的翻译服务。随着互联网的普遍应用，世界经济一体化进程的加速以及国际社会交流的日渐频繁，传统的人工作业方式已经远远不能满足迅速增长的翻译需求，人们对于机器翻译的需求激增，机器翻译迎来了一个新的发展机遇。关于机器翻译研究的国际性会议频繁召开，中国也取得了前所未有的成就，相继推出了一系列机器翻译软件，如"译星""雅信""通译""华建"等。在市场需求的推动下，商用机器翻译系统迈入了实用化阶段。

新世纪以来，随着互联网的出现和普及，数据量激增，统计方法得到充分应用。互联网公司纷纷成立机器翻译研究组，研发了基于互联网大数据的机器翻译系统，从而使机器翻译真正走向实用。近年来，随着深度学习的进展，机器翻译技术得到进一步发展，促进了翻译质量的快速提升，在口语等领域的翻译更加地道流畅。其中有词典类软件（如金山词霸、有道词典等）和基于大数据的互联网机器翻译系统（如百度翻译、谷歌翻译等）。

整个机器翻译的过程可以分为原文分析、原文译文转换和译文生成 3 个阶段。机译系统可划分为基于规则和基于语料库两大类。前者由词典和规则库构成知识源；后者由经过划分并具有标注的语料库构成知识源，既不需要词典也不需要规则，以统计规律为主。机译系统是随着语料库语言学的兴起而发展起来的，世界上绝大多数机译系统都采用以规则为基础的策略，一般分为词汇型、语法型、语义型、知识型和智能型。不同类型的机译系统由不同的成分构成。抽象地说，所有机译系统的处理过程都包括以下步骤：对源语言的分析或理解，在语言的某一平面进行转换，按目标语言结构规则生成目标语言。技术差别主要体现在转换平面上。下面简单介绍这几种类型的机译系统。

（1）词汇型：从美国乔治敦大学的机器翻译试验到 20 世纪 50 年代末的翻译系统，基本上属于词汇型机器翻译系统。它们的特点是：① 以词汇转换为中心，建立双语词典，翻译时，文句加工的目的在于立即确定相应于原语各个词的译语等价词；② 如果原语的一个词对应于译语的若干个词，机器翻译系统本身并不能决定选择哪一个，而只能把各种可能的选择全都输出；③ 语言和程序不分，语法的规则与程序的算法混在一起，算法就是规则。由于词汇型机器翻译系统的上述特点，它的译文质量是极为低劣的，而且设计这样的系统是十分琐碎而繁杂的工作，系统设计成之后没有扩展的余地，修改时牵一发而动全身，给系统的改进造成极大困难。

（2）语法型：研究重点是词法和句法，以上下文无关文法为代表，早期系统大多数都属这一类型。语法型系统包括源文分析机构、源语言到目标语言的转换机构和目标语言生成机构 3 部分。源文分析机构对输入的源文进行分析，这一分析过程通常又可分为词法分析、语法分析和语义分析。通过上述分析可以得到源文的某种形式的内部表示。转换机构用于实现将相对独立于源文的表层表达方式的内部表示转换为与目标语言相对应的内部表示。目标语言生成机构实现从目标语言内部表示到目标语言表层结构的转化。

20 世纪 60 年代以来建立的机器翻译系统绝大部分是这一类机器翻译系统。它们的特点是：① 把句法的研究放在第一位，首先用代码化的结构标志来表示原语文句的结构，再把原文的结构标志转换为译文的结构标志，最后构成译文的输出文句；② 对于多义词必须进行专门的处理，根据上下文关系选择出恰当的词义，不容许把若干译文词一股脑列出来；③ 语法与算法分开，在一定的条件之下，使语法处于一定类别的界限之内，使语法能由给定的算法来计算，并可由这种给定的算法描写为相应的公式，从而不改变算法也能进行语法的变换。如此一来，语法的编写和修改就可以不考虑算法。语法型机器翻译系统不论在译文的质量上还是在使用的方便上，都比词汇型机器翻译系统大大地前进了一步。

（3）语义型：研究重点是在机译过程中引入语义特征信息，以语义文法和格框架文法为代表。语义分析的各种理论和方法主要解决形式和逻辑的统一问题。利用系统中的语义切分规则，把输入的源文切分成若干个相关的语义元成分。再根据语义转化规则，如关键词匹配，找出各语义元成分所对应的语义内部表示。系统通过测试各语义元成分之间的关系，建立它们之间的逻辑关系，形成全文的语义表示。处理过程主要通过查语义词典的方法实现。语义表示形式一般为格框架，也可以是概念依存表示形式。最后，机译系统通过对中间语义表示形式的解释，形成相应的译文。

20 世纪 70 年代以来，有些机器翻译者提出了以语义为主的机器翻译系统。引入语义平面之后，就要求在语言描写方面作一些实质性的改变，因为在以句法为主的机器翻译系统中，最小的翻译单位是词，最大的翻译单位是单个句子，机器翻译算法只考虑对一个句子的自动加工，而不考虑分属不同句子的词与词之间的联系。语义型机器翻译系统必须超出句子范围来考虑问题，除了义素、词、词组、句子之外，还要研究大于句子的句段和篇章。为了建立语义型机器翻译系统，语言学家要深入研究语义学，数学家要制定语义表示和语义加工的算法，在程序设计方面，也要考虑语义加工的特点。

（4）知识型：目标是给机器配上人类常识，以实现基于理解的翻译系统，以知识型机译系统为代表。知识型机译系统利用庞大的语义知识库，把源文转化为中间语义表示，并利用专业知识和日常知识对其加以精练，最后把它转化为一种或多种译文输出。

（5）智能型：目标是采用人工智能的最新成果，实现多路径动态选择以及知识库的自动重组技术，对不同句子实施在不同平面上的转换。这样就可以把语法、语义、常识几个平面连成一有机整体，既可继承传统系统优点，又能实现系统自增长的功能。这一类型的系统以中国科学院计算所开发的 IMT/EC 系统为代表。

2013 年来，随着深度学习的研究取得较大进展，基于人工神经网络的机器翻译（Neural Machine Translation）逐渐兴起。其技术核心是一个拥有海量结点（神经元）的深度神经网络，可以自动地从语料库中学习翻译知识。一种语言的句子被向量化之后，在网络中层层传递，转化为计算机可以"理解"的表示形式，再经过多层复杂的传导运算，生成另一种语言的译文，实现了"理解语言，生成译文"的翻译方式。这种翻译方法最大的优势在于译文流畅，更加符合语法规范，容易理解。相比之前的翻译技术，质量有"跃进式"的提升。

神经网络机器翻译通常采用编码器-解码器结构，实现对变长输入句子的建模。编码器实现对源语言句子的"理解"，形成一个特定维度的浮点数向量，之后解码器根据此向量逐字生成目标语言的翻译结果。在神经网络机器翻译发展初期，广泛采用循环神经网络（Recurrent Neural Network，RNN）作为编码器和解码器的网络结构。该网络擅长对自然语言建模，以长短期记忆网络和门控循环单元网络为代表的 RNN 网络通过门控机制"记住"句子中比较重要的单词，让"记忆"保存比较长的时间。2017 年，有学者相继提出了采用卷积神经网络（Convolutional Neural Network，CNN）和自注意力网络作为编码器和解码器结构，它们不但在翻译效果上大幅超越了基于 RNN 的神经网络，还通过训练并行化实现了训练效率的提升。目前业界机器翻译主流框架采用自注意力网络，该网络不仅应用于机器翻译，在自监督学习等领域也有突出的表现。

中国数学家、语言学家周海中曾在论文《机器翻译五十年》中指出：要提高机译的译文质量，首先要解决的是语言本身问题而不是程序设计问题；单靠若干程序来做机译系统，肯定是无法提高机译的译文质量的。同时，他还指出：在人类尚未明了大脑是如何进行语言的模糊识别和逻辑判断的情况下，机译要想达到"信、达、雅"的程度是不可能的。这一观点恐怕道出了制约译文质量的瓶颈所在。值得一提的是，美国发明家、未来学家雷·科兹威尔在接受《赫芬顿邮报》采访时预言，到 2029 年机译的质量将达到人工翻译的水平。对于这一论断，学术界还存在很多争议。

6.4　语音识别

语音识别是要将人类语音信号转变为机器内部处理的文字符号，让机器能够"听懂"人类的话语，它是一门交叉学科。语音识别技术所涉及的领域包括信号处理、模式识别、概率论和信息论、发声机理和听觉机理、人工智能等。

根据语音识别的目标不同，可以将语音识别任务大致分为三类：孤立词识别、关键词识别以及连续语音识别。根据发音对象，还可以把语音识别分为特定人语音识别和非特定人语音识别。简单地说，特定人语音识别是要识别说话人是谁，而非特定人语音识别是要识别说的什么话。针对特定人或小规模词汇量的语音识别技术基本成熟，但是目前针对非特定人或者大规模词汇量的语音识别方法还是一个科学难题。目前在大词汇语音识别方面处于领先地位的 IBM 语音研究小组，从 20 世纪 70 年代就开始大词汇语音识别研究工作。AT&T 贝尔研究所也进行了一系列有关非特定人语音识别的实验。这一研究历经 10 年，其成果是确立了如何制作用于非特定人语音识别的标准模板的方法。

这一时期取得的重大进展有：

（1）隐马尔可夫模型（HMM）技术的成熟和不断完善成为语音识别的主流方法。

（2）以知识为基础的语音识别技术（利用构词、句法、语义、会话背景等方面知识对语音进行识别和理解）日益受到重视，并与大规模语料统计模型相结合，产生了基于统计概率的语言模型。

（3）人工神经网络在语音识别中的应用研究的兴起。在这些研究中，大部分采用基于反向传播算法（BP 算法）的多层感知网络。人工神经网络具有区分复杂的分类边界的能力，显然它十分有助于模式划分。特别是在电话语音识别方面有广泛的应用前景，成为当前语音识别应用的一个热点。

面向个人用途的连续语音听写机技术也日趋完善。这方面，最具代表性的是 IBM 的 ViaVoice（通过麦克风输入中文的一种程序）和国际语音识别巨头 Nuance 公司最新发布一款新的语音识别产品 Dragon Express。这些系统具有说话人自适应能力，可以直接将语音转化为文本或电子邮件信息，新用户不需要对全部词汇进行训练，便可在使用中不断提高识别率事实上，其输入速度最快可以达到键盘输入的 5 倍。

语音识别方法主要是模式匹配法。在训练阶段，用户将词汇表中的每一词依次说一遍，并且将其特征矢量作为模板存入模板库。在识别阶段，将输入语音的特征矢量依次与模板库中的每个模板进行相似度比较，将相似度最高者作为识别结果输出。

6.4.1　语音识别的主要过程

语音识别过程包括从一段连续声波中采样，对每个采样进行量化，得到声波的数字化表示。在采样值的每一帧，抽取描述频谱内容的特征向量，然后根据语音信号的特征识别语音所代表的单词。

1. 语音信号采集

一般是利用话筒将语音输入计算机，话筒将声波转换为电压信号，再通过 A/D 装置（模数转换，如声卡）进行采样，把连续的电压信号转换为计算机能够处理的数字信号。

2. 语音信号预处理

采集语音信号后，要进行滤波、A/D 转换，预加重和端点检测等预处理，然后再进入识别、合成、增强等实际应用。滤波目的是抑制干扰，预加重是为了提升高频部分，得到平坦的信号频谱，保证能采用相同的信噪比计算包括低频、高频的整个频谱，以便分析。端点检测是确定一段信号的语音起点、终点，缩短处理时间，排除有效语音前后的噪声干扰。

3. 语音信号的特征参数提取

人类语音频率一般在 10 kHz 以下，根据香农采样定理，计算机的采样频率应是采样信号的最高频率的两倍以上。一般将信号分割成帧，为了保证帧边缘的信息完整，帧应该有重叠。

4. 向量量化

向量量化是一种数据压缩和编码技术，经过向量量化的特征向量可以作为后面隐马尔可夫模型的输入观察信号。向量量化的基本原理是将若干标量数据组成一个向量（或者是从一帧语音数据中提取的特征向量），在多维空间给予整体量化，从而可以在信息量损失较小的情况下压缩数据量。

5. 识　别

提取声音特征集合后，就可以识别这些特征所代表的单词。本节重点关注单个单词的识别。识别系统的输入是从语音信号中提取出的特征参数，如 LPC 预测编码参数。语音识别所采用的方法一般有模板匹配法、随机模型法和概率语法分析法三种。这三种方法都建立在最大似然决策贝叶斯（Bayes）判断的基础上。

1）模板匹配法

在训练阶段，用户将词汇表中的所有词汇依次说一遍，再将其特征向量作为模板存入模板库。在识别阶段，将输入语音的特征向量序列，依次与模板库中的所有模板进行相似度比较，将声相似度最高者作为识别结果输出。

2）随机模型法

随机模型法是目前语音识别研究的主流。其突出的代表是隐马尔可夫模型。语音信号在足够短的时间上的信号特征近似于稳定，而总的过程可看成是依次相对稳定的某一特性过渡到另一特性。隐马尔可夫模型则用概率统计的方法来描述这一种时变的过程。

3）概率语法分析法

这种方法经常用在大长度范围的连续语音识别。语音学家通过研究不同的语音语谱图及其变化发现，虽然不同的人说同一些语音时，相应的语谱及其变化有各种差异，但是总有一些共同的特点足以使他们区别于其他语音，也就是语音学家提出的"区别性特征"。另一方面，人类的语言要受词法、语法、语义等约束，人在识别语音的过程中充分应用了这些约束以及对话环境的有关信息。将语音识别专家提出的"区别性特征"与来自构词、句法、语义等语用约束相互结合，就可以构成一个"自底向上"或"自顶向下"的交互作用的知识系统，不同层次的知识可以用若干规则来描述。

除了上面的三种语音识别方法外，还有许多其他的语音识别方法。例如，基于人工神经网络的语音识别方法，是目前的一个研究热点。目前用于语音识别研究的神经网络有 BP 神经网络、Kohonen 特征映射神经网络等，特别是深度学习用于语音识别取得了长足的进步。

语音识别主要有以下五个疑难问题：

（1）对自然语言的识别和理解。首先必须将连续的话语分解为词、音素等单位，其次要建立一个理解语义的规则。

（2）语音信息量大。语音模式不仅对不同的说话人不同，对同一说话人也是不同的。不同的说话人有不同的语音模式，即使同一个说话人，在不同的场合、状态以及不同时期，也会有不同的语音模式，这就为语音识别模式的分类增大了难度。

（3）语音的模糊性。说话者在讲话时，不同的词可能听起来是相似的，而且语言中普遍存在的同音字现象，语音识别特别依赖于上下文和会话背景的研究，如同音字现象就十分棘手。商务印书馆出版的《新华字典》第 11 版收录单字 13 000 多个，而该字典的汉语拼音音节索引表共有 418 个音节，加上音调一共只有 1 672 个读音，因此同音字现象非常普遍。

（4）单个字母或词、字的语音特性受上下文的影响，包括重音、音调、音量和发音速度等。

（5）环境噪声干扰对语音识别有严重影响，导致识别率低。而人类具有鸡尾酒效应，可以在嘈杂环境下排除干扰听懂所关注的话语，但这一问题对于机器而言，目前还没有有效的解决方法。

6.4.2 声学模型

语音识别系统的模型通常由声学模型和语言模型两部分组成，分别对应于语音到音节概率的计算和音节到字概率的计算。下面简单介绍一些声学模型方面的技术。

HMM 声学建模：马尔可夫模型（Markov Model）是一种统计模型，广泛应用在语音识别、词性自动标注、音字转换、概率文法等各个自然语言处理等应用领域。经过长期发展，尤其是马尔可夫模型在语音识别中的成功应用，使它成为一种通用的统计工具。隐马尔可夫模型（Hidden Markov Model，HMM）是指这一马尔可夫模型的内部状态外界不可见，外界只能看到各个时刻的输出值。对语音识别系统，输出值通常就是从各个帧计算而得的声学特征。用HMM 刻画语音信号需有两个假设，一是假设内部状态的转移只与上一状态有关，二是假设输出值只与当前状态（或当前的状态转移）有关，这两个假设大大降低了模型的复杂度。

语音识别中使用 HMM 通常是用从左向右单向、带自环、带跨越的拓扑结构来对识别基元建模，一个音素就是一个三至五状态的 HMM，一个词就是构成词的多个音素的 HMM 串行起来构成的 HMM，而连续语音识别的整个模型就是词和静音组合起来的 HMM。

上下文相关建模：协同发音，指的是一个音受前后相邻音的影响而发生变化，从发声机理上看就是人的发声器官在一个音转向另一个音时其特性只能渐变，从而使得后一个音的频谱与其他条件下的频谱产生差异。上下文相关建模方法在建模时考虑了这一影响，从而使模型能更准确地描述语音，只考虑前一音影响的称为 Bi- Phone，考虑前一音和后一音影响的称为 Tri-Phone。

英语的上下文相关建模通常以音素为基元，由于有些音素对其后音素的影响是相似的，因而可以通过音素解码状态的聚类进行模型参数的共享。

6.4.3 语言模型

语言模型主要分为规则模型和统计模型两种。统计语言模型是用概率统计的方法来揭示语言单位内在的统计规律，其中 N-Gram 简单有效，被广泛使用。

N-Gram 是一种基于统计语言模型的算法。它的基本思想是将文本里面的内容按照字节进行大小为 N 的滑动窗口操作，形成了长度是 N 的字节片段序列。

每一个字节片段称为 gram，对所有 gram 的出现频度进行统计，并且按照事先设定好的阈值进行过滤，形成关键 gram 列表，也就是这个文本的向量特征空间，列表中的每一种 gram 就是一个特征向量维度。

该模型基于这样一种假设，第 N 个词的出现只与前面 N－1 个词相关，而与其他任何词都不相关，整句的概率就是各个词出现概率的乘积。这些概率可以通过直接从语料中统计 N 个词同时出现的次数得到。常用的是二元的 Bi-Gram 和三元的 Tri-Gram。

6.4.4　系统实现

语音识别系统选择识别基元的要求是，有准确的定义，能得到足够数据进行训练，具有一般性。英语通常采用上下文相关的音素建模，汉语的协同发音不如英语严重，可以采用音节建模。系统所需的训练数据大小与模型复杂度有关。如果模型设计过于复杂以至超出了所提供的训练数据的能力，会使得性能急剧下降。

听写机：大词汇量、非特定人、连续语音识别系统通常称为听写机。其架构就是建立在上述声学模型和语言模型基础上的 HMM 拓扑结构。训练时对每个基元用前向后向算法获得模型参数，识别时，将基元串接成词，词间加上静音模型并引入语言模型作为词间转移概率，形成循环结构，用 Viterbi 算法进行解码。针对汉语易于分割的特点，先进行分割再对每一段进行解码，是用以提高效率的一个简化方法。

对话系统：用于实现人机口语对话的系统称为对话系统。受目前技术所限，对话系统往往是面向一个狭窄领域、词汇量有限的系统，其题材有旅游查询、订票、数据库检索等。其前端是一个语音识别器，识别产生的 N-best 候选或词候选网格，由语法分析器进行分析获取语义信息，再由对话管理器确定应答信息，由语音合成器输出。由于目前的系统往往词汇量有限，也可以用提取关键词的方法来获取语义信息。

近几年来，借助机器学习领域深度学习研究的发展，以及大数据语料的积累，语音识别技术得到突飞猛进的发展。

1. 技术新发展

（1）将机器学习领域深度学习研究引入语音识别声学模型训练，使用带 RBM 预训练的多层神经网络，极大提高了声学模型的准确率。在此方面，微软公司的研究人员率先取得了突破性进展，他们使用深层神经网络模型（DNN）后，语音识别错误率降低了 30%，是近 20 年来语音识别技术方面最快的进步。

（2）目前大多主流的语音识别解码器已经采用基于有限状态机（WFST）的解码网络，该解码网络可以把语言模型、词典和声学共享音字集统一集成为一个大的解码网络，大大提高了解码的速度，为语音识别的实时应用提供了基础。

（3）随着互联网的快速发展，以及手机等移动终端的普及应用，目前可以从多个渠道获取大量文本或语音方面的语料，这为语音识别中的语言模型和声学模型的训练提供了丰富的资源，使得构建通用大规模语言模型和声学模型成为可能。在语音识别中，训练数据的匹配和丰富性是推动系统性能提升的最重要因素之一，但是语料的标注和分析需要长期的积累和沉淀，随着大数据时代的来临，大规模语料资源的积累将提到战略高度。

2. 技术新应用

近期，语音识别在移动终端上的应用最为火热，语音对话机器人、语音助手、互动工具等层出不穷，许多互联网公司纷纷投入人力、物力和财力展开此方面的研究和应用，目的是通过语音交互的新颖和便利模式迅速占领客户群。

目前，国外的应用一直以苹果的 siri 为龙头。而国内方面，科大讯飞、云知声、盛大、捷通华声、搜狗语音助手、紫冬口译、百度语音等系统都采用了最新的语音识别技术，市面上其他相关的产品也直接或间接嵌入了类似的技术，得到了很大的发展。

习 题

1. 请简述语音识别包括哪些过程。
2. 请针对语音识别存在的主要五个疑难问题中的一两个问题，提出自己的解决方案。
3. 请列举 4 款目前已经商业化的最热门的自然语言处理商品。

第7章 人工智能开放平台应用

近年来，随着计算能力的提升和大数据的普及，人工智能技术得到了快速发展，应用领域也日益广泛。人工智能开放平台，简称 AI 开放平台，顾名思义，就是为 AI 应用提供运行环境和工具的软件平台。它提供了一种便捷的方式来开发、训练、测试和部署 AI 模型应用。通过这个平台，用户可以专注于解决业务问题，而无须关心底层的复杂性。

7.1 AI 开放平台概况

7.1.1 AI 开放平台的主要功能

（1）数据处理与管理：平台需要处理各种类型的数据，包括结构化数据和非结构化数据。这可能包括文本、图像、音频和视频等多种形式的数据。因此，数据管理是平台的一个关键功能，包括数据的采集、清洗、标注和存储等。

（2）模型训练与优化：一旦数据被整理好，就可以用于训练机器学习模型。平台提供了多种算法和工具来训练模型，并优化模型以提高效率和准确性。此外，许多平台还提供了自动化的超参数调整和模型选择功能。

（3）模型部署与服务：训练好的模型需要被部署到生产环境中，以便在实际应用中使用。平台提供了一种方式来打包和发布模型，使其可以在网络中分发，或者在本地系统中运行。此外，许多平台还提供了服务化的功能，可以将模型作为 API 提供给其他应用使用。

（4）监控与评估：为了确保模型的性能和稳定性，平台通常会提供监控和评估工具。这可能包括模型在生产环境中的性能监控，以及对模型输出的实时反馈和评估。

（5）管理和控制：为了保证 AI 系统的安全和合规性，平台还需要提供一系列的管理和控制功能。这可能包括用户权限管理、审计日志、异常检测及策略管理等。

7.1.2 AI 开放平台的运行环境

（1）硬件环境：对于大规模的模型训练和复杂的计算任务，可能需要高性能的硬件设备，如 GPU 或 TPU。此外，存储设备（如硬盘或 SSD）的性能也会影响到数据处理的速度。

（2）软件环境：AI 开放平台需要运行一些特定的软件库和框架，如 Python 和 TensorFlow、PyTorch 等。此外，操作系统也需要支持相应的 API 和技术。

（3）网络环境：如果模型需要通过网络进行分发或调用，那么网络环境就变得非常重要了。这可能涉及网络延迟、带宽、数据安全和隐私等问题。

7.1.3 AI 开放平台的发展趋势和挑战

随着技术的不断发展，AI 开放平台的发展趋势主要体现在以下几个方面：

（1）自动化和智能化：为了提高开发效率和减少错误，平台将更加依赖自动化工具和智能化的决策支持系统。例如，自动化的数据预处理、模型选择和超参数调优等功能将成为主流。

（2）云原生和分布式：随着云计算的普及，越来越多的平台将采用云原生的设计和分布式的架构。这使得平台可以更好地利用资源，提供弹性的服务，并支持大规模并行计算。

（3）开源和开放：开源已经成为软件开发的一个重要趋势。越来越多的平台将选择开源模式，这不仅可以减少研发成本，还可以吸引更多的开发者参与到平台的建设和改进中来。

然而，AI 开放平台的发展也面临一些挑战：

（1）数据安全和隐私：随着数据的规模和重要性不断增加，如何保护数据的安全和隐私变得越来越重要。这需要在技术和政策两个方面进行努力。

（2）算法的公平性和透明性：AI 算法在决策过程中可能存在偏见和不透明的问题。如何设计和使用公平、透明的算法是一个重大的挑战。

（3）算力的需求和消耗：训练大型的深度学习模型需要大量的计算资源。如何有效地利用这些资源，同时降低能耗和环境影响，也是一个需要解决的问题。

7.1.4 国内外主要 AI 开放平台名录

1. 国内 AI 开放平台

- 百度 AI 开放平台（https://ai.baidu.com）；
- 腾讯 AI 开放平台（https://ai.qq.com）；
- 华为云 AI 平台 ModelArts（https://www.huaweicloud.com/product/modelarts.html）；
- 阿里 AI（https://ai.aliyun.com https://vision.aliyun.com/）；
- 网易人工智能（https://sf.163.com）；
- 海康威视 AI 开放平台（https://ai.hikvision.com）；
- 讯飞开放平台（https://www.xfyun.cn）；
- 小米 AI 开放平台（http://ai.mi.com）。

2. 国外 AI 开放平台

- 亚马逊人工智能服务（https://amazonaws-china.com/cn/events/amazon-ai）；

- 英特尔人工智能服务（https://software.intel.com/content/www/us/en/develop/topics/ai.html）；
- IBM Watson（https://www.ibm.com/watson）；
- Microsoft Azure AI（https://azure.microsoft.com/en-us/services/cognitive-services）；
- Google Cloud AI（https://cloud.google.com/ai）；
- NVIDIA Deep Learning Institute（https://www.nvidia.cn/ai-data-science）；
- OpenAI（https://openai.com）；
- TensorFlow（https://www.tensorflow.org）。

这些平台提供了各种 AI 工具和服务，包括自然语言处理、图像识别、机器学习、深度学习等，可以帮助开发者更快速地构建和应用 AI 技术。相较而言，国内平台更适合使用。

7.1.5 AI 开放平台使用步骤

因平台的不同而有所差异，具体操作需参考各平台的官方文档或指南。使用 AI 开放平台的一般步骤如下：

（1）注册并登录 AI 开放平台；

（2）了解平台提供的各种 AI 能力和服务，包括自然语言处理、图像识别、语音识别、机器学习等；

（3）根据需求选择相应的 AI 能力，并创建相应的应用或项目；

（4）根据所选的 AI 能力，选择相应的 API 或 SDK 进行集成；

（5）根据平台提供的文档和指南，进行开发、测试和部署；

（6）在应用中调用集成好的 AI 能力，实现相应的功能；

（7）根据需要进行调优和优化，提高应用的性能和效果；

（8）监控应用的运行情况，及时解决可能出现的问题。

7.2 AI 开放平台应用范例

7.2.1 动物图像识别

本节以使用百度人工智能 AI 中的图像识别服务接口来创建一个动物识别脚本，即在代码中输入待识别图像的文件（路径），输出识别结果为该图像中所包含动物的名称，如图 7.1 所示。

{"result":[{"score":"0.996201","name":"瓢虫"},
{"score":"5.11917e-05","name":"蛱蝶"},
{"score":"3.19664e-05","name":"赤星瓢虫"},
{"score":"2.6336e-05","name":"多异瓢虫"},
{"score":"2.17092e-05","name":"灰蝶"},
{"score":"2.03078e-05","name":"黄足黄守瓜"}],
"log_id":1708328234311148144}

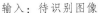

输入：待识别图像　　　　　　　　　　　　　　输出：识别结果

图 7.1　动物识别脚本 I/O 图

115

操作步骤：

（1）用户注册与领取服务：在百度 AI 开放平台（https://ai.baidu.com）进行注册和身份认证；前往图像识别服务主页（https://cloud.baidu.com/product/imagerecognition）领取免费测试资源，领取成功开通的识别服务会在第（3）步时，自动将值写入 client_id 和 client_secret 表单，否则无法实现测试。

（2）创建应用：进入应用列表页 https://console.bce.baidu.com/ai/#/ai/imagerecognition/app/list（见图 7.2），在主界面中点击"创建应用"，在创建新应用界面中，在"应用名称""应用描述"项输入相应的信息，"接口选择"项勾选"图像识别"类别中的"动物识别"项（或直接勾选"全选"），"应用归属"项选择"个人"，点击"立即创建"，完成应用创建。创建成功后点击返回应用列表，获取应用关键信息：API Key 和 Secret Key。

图 7.2　应用列表页

（3）API 在线测试：点击应用列表页左侧的"API 在线测试"链接，进入生成测试页面（见图 7.3），进行相关的操作。首先，选择"动物识别"项。其次，在"鉴权参数"中选"ak_sk"模式，确保自动填写的 client_id 和 client_secret 与 API Key 和 Secret Key 的值相对应，在"选填参数"项的 image 框中选择"上传文件"的方法，获取待识别图像的图片数据 base64 编码。最后，点击"调试"按钮，正确情况下，"调试结果"项会显示"调试成功"信息，并将识别结果显示在下端。可将"示例代码"中的相应语言代码复制或下载到其他项目进行二次开发。

（4）调整和优化：根据应用场景，鉴权参数建议选成 access_token 模式，具体操作观看"教学视频"。此外，示例代码采用直接把待识别图像的图片数据 base64 编码读入，造成所在代码行的长度过长，不适于使用，image 参数改成通过 get_file_content_as_base64(r"file_name",True) 方法获取，可将默认第 13 行的代码改成：

```
payload = 'image=' + get_file_content_as_base64(r"ladybird.jpg", True)
```

注："ladybird.jpg"为待识别图像的名称。

图 7.3　API 在线测试页

7.2.2　手写字识别

本节以使用讯飞开放平台中的手写文字识别服务接口来创建一个文字识别脚本，即在代码中输入待识别的手写文字图像文件（路径），输出识别结果为该图像中所包含文字字符，如图 7.4 所示。

输入：待识别文字图像　　　　　　　　　　输出：识别文字结果

图 7.4　手写文字识别脚本 I/O 图

操作步骤：

（1）注册：在讯飞开放平台（https://www.xfyun.cn）进行注册和身份认证。

（2）创建应用：进入应用列表页 https://console.xfyun.cn/app/myapp（见图 7.5），点击"创建新应用"链接，在弹出的页面完成"项目名称""应用分类"和"应用功能描述"表单的填写后，点击"提交"链接返回应用列表页。

图 7.5　应用列表页

（3）获取服务接口信息：点击新创建的应用名称（链接），进入应用的详细交互页面。首先，选择应用要实现的功能，点击页面左侧的"文字识别"链接，在向下展开的选项里点击"手写文字识别"链接，主界面切换显示当前使用该接口相关信息。需点击"购买服务量"链接，在弹出界面点击"立即领取"获得免费包，进行"支付"相关操作，返回"手写文字识别"主界面。其次，在主界面右侧显示"服务接口认证信息"的 APPID 和 APIKey 的值，以及"手写文字识别 API"的 WebAPI 的值，建议进行复制保存。最后，点击 WebAPI 接口地址右侧的"文档"链接，在"文档中心"页面查看接口的使用文档（https://www.xfyun.cn/doc/words/wordRecg/API.html）。

（4）范例脚本修改：首先，在"文档中心"的"手写文字识别 API 文档"页面中，点击"手写文字识别 demo python3 语言"链接下载接口使用的 demo 脚本压缩包（https://xfyun-doc.cn-bj.ufileos.com/1561082414357990/ocr_handwriting_python3_demo.zip），包含代码文件 ocr.py 和手写文字识别的测试图像文件 ocr.jpg。其次，将两个文件解压后保存在相同目录下，用编辑器打开 ocr.py 文件，对部分语句进行修改，主要包括：

- 第 16 行，核对 URL = http://webapi.xfyun.cn/v1/service/v1/ocr/handwriting 是否准确。
- 第 18 行，将 APPID = "*****"中的*****替换成具体的值。
- 第 20 行，将 API_KEY = "*****"中的*****替换成具体的值。
- 第 49 行，picFilePath = "E://1.jpg"改成 picFilePath = "ocr.jpg"。

其他的修改或代码理解可以参考"手写文字识别 API 文档"页面。

（5）范例脚本优化：ocr.py 文件经过以上修改后，在所需 Python 包都已安装的前提下，很快就能将识别结果以 json 格式输出，由于包含信息过多，所识别的文字字符需要进行提取，具体操作如下：

- 新增第 7 行，输入 import json。
- 第 53 行，删除或注释 print(r.content)。
- 第 54 行，输入以下代码：

```
json_str =r.content
json_dict = json.loads(json_str)
result = ""
for block in json_dict["data"]["block"]:
    for line in block["line"]:
        for word in line["word"]:
            result += word["content"] + " "
print(result)
```

7.3 大规模模型及平台应用

随着计算能力的提升和大数据技术的发展，大模型逐渐成为人工智能领域的核心技术。这些模型在模式识别、知识表示和推理、自适应学习等方面拥有更高的性能，被用以解决实际问题。本节将认识大型语言模型（Large Language Model，LLM）与人工智能生成内容（Artificial Intelligence Generated Content，AIGC）两类大模型，并借助开放平台进行应用。

7.3.1 大型语言模型概况

1. LLM 的定义

大型语言模型（Large Language Model，LLM）是一种基于深度学习的自然语言处理技术。它是通过对大量文本数据进行训练，生成一个能够理解和生成自然语言的模型。LLM 的主要任务是学习语言的规律和结构，从而能够生成流畅、自然的文本。LLM 的核心组成部分包括输入层、隐藏层和输出层。输入层负责接收文本数据，隐藏层负责对输入数据进行处理和分析，输出层负责生成自然语言文本。

2. LLM 的技术特点

（1）大规模语料库：LLM 需要大规模语料库进行训练，通常包含数十亿甚至数百亿的单词。这些语料库来源广泛，包括新闻、博客、书籍、论坛等。

（2）深度学习：LLM 采用深度学习技术，通常是循环神经网络（RNN）、长短时记忆网络（LSTM）、门控循环单元（GRU）或变压器（Transformer）等。

（3）概率分布：LLM 通过学习语言的概率分布来生成文本。在生成文本时，它根据已经生成的单词，预测下一个单词的概率分布，然后选择概率最高的单词作为下一个单词。

（4）上下文感知：LLM 具有上下文感知能力，可以根据已经生成的文本，生成与之相关的文本。

3. LLM 的应用场景

（1）机器翻译：LLM 可以用于实现多种语言之间的自动翻译，如英语到中文、法语到德语等。

（2）问答系统：LLM 可以用于构建智能问答系统，回答用户提出的问题。

（3）情感分析：LLM 可以用于分析文本中的情感倾向，如正面情绪、负面情绪等。

（4）文本摘要：LLM 可以用于自动生成文本的摘要，帮助用户快速了解文本的主要内容。

4. 国内外知名 LLM 模型名称

（1）谷歌的神经机器翻译系统（GNMT）；

（2）OpenAI 的 GPT 系列（GPT-3、GPT-4 等）；

（3）百度的 ERNIE 系列（ERNIE 1.0、ERNIE 2.0 等）；

（4）微软的 Transformer 系列（Transformer-XL、XLNet 等）。

5. LLM 面临的挑战

（1）数据偏差：LLM 需要大量的语料库进行训练，但这些语料库可能存在偏差，导致模型在处理某些类型的数据时表现不佳。

（2）计算资源：LLM 需要大量的计算资源进行训练，这增加了模型的训练时间和成本。

（3）隐私和安全：LLM 在处理敏感数据时可能存在隐私和安全问题，例如用户的个人信息和敏感数据可能会被泄露。

（4）可解释性：LLM 的决策过程往往缺乏可解释性，这使得人们难以理解模型的预测结果和决策过程。

7.3.2　人工智能生成内容概况

1. AIGC 的定义

人工智能生成内容（Artificial Intelligence Generated Content，AIGC）是一种利用人工智能技术自动生成各种类型的内容的技术和方法。AIGC 的核心思想是通过深度学习和自然语言处理技术，让计算机自动学习和理解人类的知识体系，从而生成具有知识性、逻辑性和连贯性的内容。AIGC 的应用场景非常广泛，包括新闻报道、文章写作、广告创意、电影剧本等。

2. AIGC 的技术特点

（1）知识表示与推理：AIGC 需要将人类的知识体系表示为计算机可以处理的形式，并通过推理算法来生成新的知识内容。

（2）语义表示与理解：AIGC 需要理解输入文本的意义，包括词汇、句子结构和上下文等信息，以便生成符合人类认知规律的内容。

（3）生成策略与约束：AIGC 需要设计合适的生成策略和约束条件，以确保生成的内容具有一定的知识性和逻辑性。

3. AIGC 应用场景

（1）新闻报道：AIGC 可以用于自动生成新闻稿件，提高新闻报道的效率和准确性。

（2）艺术创作：AIGC 可以用于生成艺术作品，例如绘画、音乐、诗歌等。

（3）广告创意：AIGC 可以用于自动生成广告创意，提高广告投放的效果和吸引力。

（4）视频制作：AIGC 可以用于生成视频内容，例如自动剪辑视频、添加字幕等。

4. 国内外知名 AIGC 模型名称

（1）OpenAI 的 DALL-E 模型：可以生成符合要求的图像。

（2）Midjourney 公司的 Midjourney：提供 AI 图像生成服务。

（3）DeepMind 的 MusicVAE 模型：可以生成符合要求的音乐。

（4）阿里的通义万相模型：可以根据提示词生成多种风格的图像。

5. AIGC 面临的挑战

（1）版权问题：AIGC 生成的内容可能存在版权侵权问题，这可能导致法律纠纷和经济损失。

（2）数据质量：AIGC 生成的内容质量受到训练数据的影响，如果训练数据存在偏差或错误，生成的内容也可能存在偏差或错误。

（3）隐私和安全：AIGC 在处理敏感数据时也可能存在隐私和安全问题，例如用户的个人信息和敏感数据可能会被泄露。

（4）算法透明度：AIGC 的算法往往缺乏透明度，这使得人们难以理解模型的预测结果和决策过程。

7.3.3 LLM 与 AIGC 的对比

（1）应用场景：LLM 主要应用于自然语言处理任务，如机器翻译、问答系统、情感分析等。而 AIGC 主要应用于自动生成各种类型的内容，如新闻报道、文章写作、广告创意等。

（2）生成方式：LLM 采用生成式模型，即根据已有的数据生成新的数据。而 AIGC 采用判别式模型，即通过判断输入文本是否符合某个类别或知识体系来生成内容。

（3）生成内容的质量：LLM 生成的内容质量取决于训练数据的质量和数量。虽然 LLM 可以通过大规模的预训练来提高其泛化性能，但生成的内容仍然可能存在一定的偏差和不足。而 AIGC 生成的内容通常具有较高的知识性和逻辑性，但可能缺乏创造性和个性化。

LLM 和 AIGC 技术并非独立存在，在诸多大模型平台服务中，如国内的通义千问、文心一言和讯飞星火等，都将 LLM 和 AIGC 技术相结合，通过自然语言交互生成新的内容，或者根据用户输入的语言描述自动创作不同风格的图像、视频等。这样可以提供更加全面、个性化的服务，满足用户的不同需求。同时，LLM 和 AIGC 技术也可以相互促进和优化。例如，通过对 LLM 生成的文本进行分析和理解，可以为 AIGC 生成更加准确、有针对性的内容提供参考。反过来，AIGC 生成的内容也可以为 LLM 提供更多的训练数据，从而不断提高 LLM 的性能和准确性。

7.3.4 大规模模型平台应用

对于大规模模型服务的应用，主要在对公众开放服务的网页平台或手机 APP 上进行，用户可以通过搜索引擎或者信息浏览获得平台的访问地址。部分平台还提供服务接口 API，允许开发者将应用环境集成到第三方软件或者网站中。使用国内通过《生成式人工智能服务管理暂行办法》备案的平台会获得更好的体验和保障。

1. 大规模模型平台应用的基本方法

以进行一问一答的"对话式"交互是大规模模型平台应用的基本方法，辅以会话主题、风格、目标等约束条件，能使输出结果更符合预期。以阿里的通义大模型（https://tongyi.aliyun.com）为例，主要步骤如下：

（1）在平台首页进行注册后登录。

（2）根据应用需求（生成文字、绘画内容或者语音处理），选择对应的模型，操作方法将有所差别。

① 通义千问。

界面提示易于理解，主要注意"重新编辑"功能，它可以对提问进行重新编辑（只对最后一条提问有效），将提问内容优化后提交，直至此轮回答结果满意为止。多轮对话可用于多层级、连续关联的提问，例如生成文章的需求，可首轮提出生成文章大纲，次轮提出生成第一章的次级大纲或者正文部分，依次进行多轮对话，最后获得完整的文章内容。范例参考图7.6，该范例提出"请为广西三月三节日写一首七言绝句诗，包含对歌、糯米饭、绣球、穿壮族服饰等。"要求和约束条件。系统输出回复"三月三来歌对唱，糯米饭香飘四旁。绣球抛出心欢畅，壮族服饰展新妆。"从文字表达来看是符合生成要求的。

图 7.6　通义千问交互范例

② 通义万相。

根据文字描述生成图像的应用难点主要在于提示词（prompt）的撰写，由此还衍生出"提示词工程"的概念。提示词工程（Prompt Engineering）是一门较新的学科，关注提示词开发和优化，帮助用户将 LLM 用于各场景和研究领域。掌握了提示词工程相关技能将有助于用户更好地了解 LLM 的能力和局限性。使用前建议学习平台关于提示词的文法要求。范例参考图 7.7，该范例的提示词为"沉浸在全页灰度涂色的迷人世界中，有一只鹿头在曼陀罗宁静的森林中，画面采用线条、笔画"，可见与常规的中文语句表述形式存在明显差异。这些差异产生的因素在于：

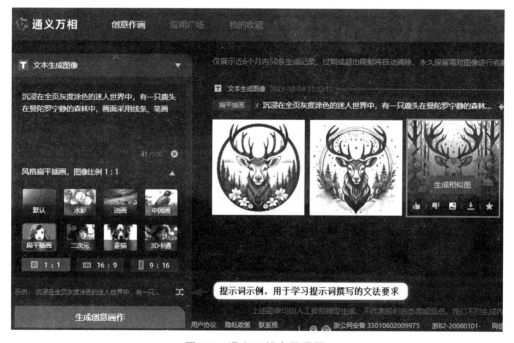

图 7.7　通义万相交互界面

a. 系统以英文词句的提示词进行"理解"，存在中英文相互翻译产生的差异；

b. 提示词包含复杂的艺术语言，类似艺术风格、颜色和主题的描述存在中西方差异；

c. 文本生成图像所需的提示词包括但不限于内容、色彩、形状、纹理、情感、场景、时间、对象、动作、价值观、文化、历史、科技等。

由此可见，需要选择合适的提示词，并确保它们能够激发模型的想象力和创造力。用户可以借助提示词辅助工具进行提示词及句子的生成。

③ 通义听悟。

该功能主要用于将语音（实时录音或录音文件）转成文字，侧重于会议记录、报告笔记等需求，能对不同发言者进行识别，还可以对文字内容进行提炼，生成知识要点（会议纪要），并且在界面右侧提供了文档编辑区，用于进行相应的文档编写。使用时，根据场景选择"开启实时记录"或者"上传音视频"，获取要进行转换的音频文件。当语音以时间节点转换成文字后，以"原文"的形式显示，同时还会分析生成关键词、全文概要和发言总结等内容。范例如图 7.8 所示。

图 7.8　通义听悟交互界面

2. 大规模模型平台应用 API 的调用方法

使用过程产生的数据是大规模模型平台进行优化迭代的重要依据，不少平台开放了 API 接口服务，并且提供丰富的范例源文件，针对不同开发语言以及使用环境的调用脚本和软件开发工具包（SDK）等，少量的调用参数结合详细的技术开发文档，为开发者进行二次开发提供便利，最终达到提高用户数和使用量的目的。本小节以使用讯飞认知大模型 API 接口来创建两个调用脚本为例，验证在 Windows 系统上运行 Python 和 PHP 脚本文件可以使用大模型。操作步骤可参考 7.2.2 节的内容，在平台中创建应用，进入应用的详细交互页面。

（1）点击页面左侧的"星火认知大模型"链接，在向下展开的选项里点击"星火大模型 V1.5"链接，主界面切换显示当前使用该接口相关信息。需点击"立即购买"链接，在弹出界面点击"免费包（个人认证）"，进行"支付"相关操作，返回"星火大模型 V1.5"主界面。

（2）在主界面右侧显示"服务接口认证信息"的 APPID 、APISecret 和 APIKey 的值，以及"Web"的接口地址，建议复制保存。

（3）点击接口地址右侧的"文档"链接，在"文档中心"页面查看接口的使用文档（https://www.xfyun.cn/doc/spark/Web.html#_1-接口说明）。

（4）范例脚本验证：在"文档中心"的"星火认知大模型 Web 文档"页面中，点击页面"2.调用示例"中的"Python 调用示例"链接下载接口使用的脚本压缩包（https://xfyun-doc.cn-bj.ufileos.com/static%2F16919367030710594%2FSparkApi_Python.zip）和"PHP 调用示例"链接下载接口使用的脚本压缩（https://xfyun-doc.cn-bj.ufileos.com/static%2F16907959653978197%2FSpark_php_demo.zip）。

① Python 调用示例验证。

将压缩包解压后得到同目录下的 SparkApi.py 和 test.py 两个文件，需要将 test.py 代码中第 3~5 行的变量 appid、api_secret 和 api_key 分别填写控制台中获取的对应信息，其他如版本切换可根据代码注释或技术文档进行修改。运行代码正常即可与大模型进行对话交互，结果如图 7.9 所示，可见实现了基本的问答功能。

图 7.9　Python 调用运行结果

Python 调用示例文件的代码导入（ import ）8 个模块包，需要预先安装正确，尤其 websocket 模块实际是要安装 websocket-client。如果使用 Pycharm 编辑器且设置 Python 虚拟环境，可在设置-Python 解释器管理界面（见图 7.10）中查看/添加。

图 7.10 PyCharm 的 Python 解释器界面

② PHP 调用示例验证。

PHP 仍是网站的"首选编程语言",因此大模型的 PHP 调用存在大量的潜在用户。PHP 调用示例压缩文件包含 web_demo.php 和 readme.txt 两个文件,在 web_demo.php 中将代码第 8 ~ 13 行的变量$addr、$Appid、$Apikey 和$ApiSecret 分别填写控制台中获取的对应信息,代码第 24 行的"你是谁?"字符为默认提问,可根据需求进行修改。验证建议在 PHP 环境集成工具中进行,以 PHPStudy 为例,在启动 Apache 或 Nginx 服务后,首先,将修改后的 web_demo.php 文件拷贝到集成工具所在目录的 WWW 文件夹中;其次,在"软件管理"的"工具"分类中安装 PHP 管理项目依赖工具 composer;再次,点击"网站"默认站点的"管理",出现下拉选项中选择"composer",在打开的 cmd 窗口中输入 composer require textalk/websocket,完成依赖组件的安装;最后,在浏览器中输入访问地址 http://localhost/web_demo.php,可在页面解析的最后一行看到代码中预设问题(你是谁?)的回答(见图 7.11)。显然,集成应用到网站平台时,需要进行二次开发。

图 7.11 PHP 调用运行结果

通过人工智能开放平台的应用，令人感受到了科技带来的诸多改变，但还需清楚地认识到以下三方面：

（1）平台建设需投入庞大的资金、设备和人力等成本；

（2）平台运行需消耗巨量的电能和散热用水，占用民生资源；

（3）平台产出涉及隐私和数据安全、知识产权侵权、虚假信息和误导、偏见和歧视等问题。

所以，应该合规合理地使用好人工智能技术和平台。

习　题

1. 在百度 AI 开放平台中，领取"AI 作画"API 接口的试用服务（https://cloud.baidu.com/product/creativity/ernie_Vilg），创建应用项目，并在 API 在线调试中选择"智能创作平台"服务，进行"AI 作画"的测试。将"通义万相"范例的提示词用于"AI 作画"，对比生成图像的差异。

2. 使用讯飞认知大模型 API 接口创建一个 Windows SDK 应用程序。

3. 使用大模型在线平台（如通义千问、文心一言、讯飞星火等）进行对话，利用平台的代码生成功能，将 7.2.1 节动物图像识别代码中的图片文件由原来的名称写入，修改成 input 变量赋值（待识别图像文件）的形式，并且通过浏览本地文件名称的方法获取该值，即代码运行时，首先要浏览本地文件获取输入值，再运行得到识别结果。

第 8 章　综合应用实例

本章将延续 AI Studio 平台的操作来对波士顿房价预测、鸢尾花分类、手写数字识别和猫狗图片分类四个主题进行实操演练。其中波士顿房价预测采用回归方法进行分析，鸢尾花分类采用支持向量机（SVM）作为分类器，手写数字识别采用全连接神经网络进行图像识别，猫狗图片分类则应用卷积神经网络（CNN）作为主要的分类网络架构。

8.1　波士顿房价预测

本书使用经典的线性回归模型来进行波士顿房价预测。回归模型可以理解为：存在一个点集，用一条曲线去拟合它分布的过程。如果拟合曲线是一条直线，则称为线性回归。如果是一条二次曲线，则被称为二次回归。线性回归是回归模型中最简单的一种。本书使用 PaddlePaddle 建立一个房价预测模型。在线性回归中：

假设函数是指用数学的方法描述自变量和因变量之间的关系，它们之间可以是一个线性函数或非线性函数。在本次线性回顾模型中，我们的假设函数为 $Y'= wX+b$，其中，Y' 表示模型的预测结果（预测房价），用来和真实的 Y 区分。模型要学习的参数即 w 和 b。

损失函数是指用数学的方法衡量假设函数预测结果与真实值之间的误差。这个差距越小预测越准确，而算法的任务就是使这个差距越来越小。建立模型后，我们需要给模型一个优化目标，使得学到的参数能够让预测值 Y' 尽可能地接近真实值 Y。这个实值通常用来反映模型误差的大小。不同问题场景下采用不同的损失函数。对于线性模型来讲，最常用的损失函数就是均方误差（Mean Squared Error，MSE）。

优化算法：神经网络的训练就是调整权重（参数）使得损失函数值尽可能小，在训练过程中，将损失函数值逐渐收敛，得到一组使得神经网络拟合真实模型的权重（参数）。所以，优化算法的最终目标是找到损失函数的最小值。而这个寻找过程就是不断地微调变量 w 和 b 的值，一步一步地试出这个最小值。常见的优化算法有随机梯度下降法（SGD）、Adam 算法等。

1. 导入需要的 Python 工具包

首先导入必要的 Python 工具包，分别是：

（1）paddle.fluid：PaddlePaddle 深度学习框架。

（2）numpy：Python 科学计算库。

（3）os：Python 模块，可使用该模块对操作系统进行操作。

（4）matplotlib：Python 绘图库，可方便绘制折线图、散点图等图形。

```python
import paddle.fluid as fluid
import paddle
import numpy as np
import os
import matplotlib.pyplot as plt
```

2. 准备数据

1）uci-housing 数据集介绍

该数据集共 506 行，每行 14 列。前 13 列用来描述房屋的各种信息，最后一列为该类房屋价格中位数。PaddlePaddle 提供了读取 uci_housing 训练集和测试集的接口，分别为 addle.dataset.uci_housing.train()和 paddle.dataset.uci_housing.test()。

2）train_reader 和 test_reader

paddle.reader.shuffle()表示每次缓存 BUF_SIZE 个数据项，并进行打乱，paddle.batch()表示每 BATCH_SIZE 个组成一个 batch。

```python
BUF_SIZE=500
BATCH_SIZE=20

#用于训练的数据提供器，每次从缓存中随机读取批次大小的数据
train_reader = paddle.batch(
    paddle.reader.shuffle(paddle.dataset.uci_housing.train(),
                          buf_size=BUF_SIZE),
    batch_size=BATCH_SIZE)
#用于测试的数据提供器，每次从缓存中随机读取批次大小的数据
test_reader = paddle.batch(
    paddle.reader.shuffle(paddle.dataset.uci_housing.test(),
                          buf_size=BUF_SIZE),
batch_size=BATCH_SIZE)

#用于打印，查看 uci_housing 数据
train_data=paddle.dataset.uci_housing.train();
sampledata=next(train_data())
print(sampledata)
```

执行结果：

(array([-0.0405441, 0.06636364, -0.32356227, -0.06916996, -0.03435197, 0.05563625, -0.03475696, 0.02682186, -0.37171335, -0.21419304, -0.33569506, 0.10143217, -0.21172912]), array([24.]))

3. 网络配置

（1）网络搭建：对于线性回归来讲，它就是一个从输入到输出的简单的全连接层。对于波士顿房价数据集，假设属性和房价之间的关系可以被属性间的线性组合描述。其模型架构如图 8.1 所示。

$$z = a_1 w_1 + \cdots + a_k w_k + \cdots + a_K w_K + b$$

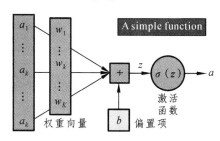

图 8.1　波士顿房价模型架构

```
#定义张量变量 x，表示 13 维的特征值
x = fluid.layers.data(name='x', shape=[13], dtype='float32')
#定义张量 y,表示目标值
y = fluid.layers.data(name='y', shape=[1], dtype='float32')
#定义一个简单的线性网络,连接输入和输出的全连接层
#input:输入 tensor;
#size:该层输出单元的数目
#act:激活函数
y_predict=fluid.layers.fc(input=x,size=1,act=None)
```

（2）定义损失函数：此处使用均方差损失函数。square_error_cost(input,lable)：接受输入预测值和目标值，并返回方差估计，即为（y-y_predict）的平方。

```
#求一个 batch 的损失值
cost = fluid.layers.square_error_cost(input=y_predict, label=y)
#对损失值求平均值
avg_cost = fluid.layers.mean(cost)
```

（3）定义优化函数：此处使用的是随机梯度下降。

```
optimizer = fluid.optimizer.SGDOptimizer(learning_rate=0.001)
opts = optimizer.minimize(avg_cost)

test_program = fluid.default_main_program().clone(for_test=True)
```

在上述模型配置完毕后，得到两个 fluid.Program：fluid.default_startup_program()与 fluid.default_main_program()。参数初始化操作会被写入 fluid.default_startup_program()。

fluid.default_main_program()用于获取默认或全局 main program(主程序)。该主程序用于训练和测试模型。fluid.layers 中的所有 layer 函数可以向 default_main_program 中添加算子和变量。default_main_program 是 fluid 的许多编程接口（API）Program 参数的缺省值。例如，当用户 program 没有传入时，Executor.run() 会默认执行 default_main_program。

4. 模型训练与评估

（1）创建 Executor：首先定义运算场所，fluid.CPUPlace()和 fluid.CUDAPlace(0)分别表示运算场所为 CPU 和 GPU。Executor：接收传入的 program，通过 run()方法运行 program。

```
#use_cuda 为 False,表示运算场所为 CPU;use_cuda 为 True,表示运算场所为
GPU
use_cuda = False
place = fluid.CUDAPlace(0) if use_cuda else fluid.CPUPlace()
#创建一个 Executor 实例 exe
exe = fluid.Executor(place)
#Executor 的 run()方法执行 startup_program(),进行参数初始化
exe.run(fluid.default_startup_program())
```

（2）定义输入数据维度：DataFeeder 负责将数据提供器（train_reader,test_reader）返回的数据转成一种特殊的数据结构，使其可以输入 Executor 中。feed_list 设置向模型输入的向变量表或者变量表名。

```
# 定义输入数据维度
#feed_list:向模型输入的变量表或变量表名
feeder = fluid.DataFeeder(place=place, feed_list=[x, y])
```

（3）定义绘制训练过程的损失值变化趋势的方法 draw_train_process。

```
iter=0;
iters=[]
train_costs=[]

def draw_train_process(iters,train_costs):
    title="training cost"
    plt.title(title, fontsize=24)
    plt.xlabel("iter", fontsize=14)
    plt.ylabel("cost", fontsize=14)
    plt.plot(iters, train_costs,color='red',label='training cost')
    plt.grid()
    plt.show()
```

（4）训练并保存模型：

Executor 接收传入的 program，并根据 feed map(输入映射表)和 fetch_list(结果获取表) 向 program 中添加 feed operators(数据输入算子)和 fetch operators（结果获取算子）。feed map 为该 program 提供输入数据。fetch_list 提供 program 训练结束后用户预期的变量。[注：enumerate() 函数用于将一个可遍历的数据对象(如列表、元组或字符串)组合为一个索引序列，同时列出数据和数据下标]

```python
EPOCH_NUM=50
model_save_dir = "/home/aistudio/work/fit_a_line.inference.model"


for pass_id in range(EPOCH_NUM):                 #训练 EPOCH_NUM 轮
    # 开始训练并输出最后一个 batch 的损失值
train_cost = 0
#遍历 train_reader 迭代器
for batch_id, data in enumerate(train_reader()):
        #运行主程序
        #喂入一个 batch 的训练数据，根据 feed_list 和 data 提供的信息，
        #将输入数据转成一种特殊的数据结构
        train_cost = exe.run(program=fluid.default_main_program(),
                        feed=feeder.feed(data),
                        fetch_list=[avg_cost])
        if batch_id % 40 == 0:
            print("Pass:%d, Cost:%0.5f" % (pass_id, train_cost[0][0]))
#打印最后一个 batch 的损失值
        iter=iter+BATCH_SIZE
        iters.append(iter)
        train_costs.append(train_cost[0][0])


    # 开始测试并输出最后一个 batch 的损失值
    test_cost = 0
    #遍历 test_reader 迭代器
    for batch_id, data in enumerate(test_reader()):
        test_cost= exe.run(program=test_program,  #运行测试 cheng
                    feed=feeder.feed(data),    #喂入一个 batch 的测试数据
                    fetch_list=[avg_cost])     #fetch 均方误差
    #打印最后一个 batch 的损失值
    print('Test:%d, Cost:%0.5f' % (pass_id, test_cost[0][0]))
```

```
    #保存模型
    # 如果保存路径不存在就创建
if not os.path.exists(model_save_dir):
    os.makedirs(model_save_dir)
print ('save models to %s' % (model_save_dir))
#保存训练参数到指定路径中，构建一个专门用预测的 program
fluid.io.save_inference_model(model_save_dir,  #保存推理model的路径
        'x'],            #推理（inference）需要 feed 的数据
        [y_predict],     #保存推理（inference）结果的 Variables
        exe)             #exe 保存 inference model
draw_train_process(iters,train_costs)
```

执行结果：

```
Pass:0, Cost:164.18774
Test:0, Cost:18.20601
Pass:1, Cost:89.68130
Test:1, Cost:7.05955
Pass:2, Cost:72.02421
Test:2, Cost:6.64838
……
Pass:47, Cost:71.98018
Test:47, Cost:2.47677
Pass:48, Cost:42.28919
Test:48, Cost:5.33551
Pass:49, Cost:25.40728
Test:49, Cost:21.07818
```

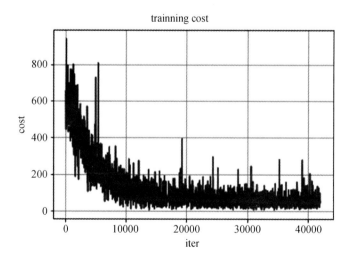

5. 模型预测

（1）创建预测用的 Executor：

```
infer_exe = fluid.Executor(place)          #创建预测用的 executor
inference_scope = fluid.core.Scope()       #Scope 指定作用域
```

（2）可视化真实值与预测值方法定义：

```
infer_results=[]
groud_truths=[]


#绘制真实值和预测值对比图
def draw_infer_result(groud_truths,infer_results):
    title='Boston'
    plt.title(title, fontsize=24)
    x = np.arange(1,20)
    y = x
    plt.plot(x, y)
    plt.xlabel('ground truth', fontsize=14)
    plt.ylabel('infer result', fontsize=14)
plt.scatter(groud_truths,
  infer_results,
  color='green',
  label='training cost')
    plt.grid()
    plt.show()
```

（3）开始预测：通过 fluid.io.load_inference_model，预测器会从 params_dirname 中读取已经训练好的模型来对从未遇见过的数据进行预测。

```
#修改全局/默认作用域（scope），运行时中的所有变量都将分配给新的 scope
with fluid.scope_guard(inference_scope):
    #从指定目录中加载 推理 model(inference model)
    [inference_program,         #推理的 program
     feed_target_names,          #需要在推理 program 中提供数据的变量名称
     fetch_targets] = fluid.io.load_inference_model(
                                 #fetch_targets: 推断结果
                    model_save_dir, #model_save_dir:模型训练路径
                    infer_exe)      #infer_exe: 预测用 executor
#获取预测数据
#获取 uci_housing 的测试数据
```

```
infer_reader = paddle.batch(paddle.dataset.uci_housing.test(),
        #从测试数据中读取一个大小为 200 的 batch 数据
            batch_size=200)
    #从 test_reader 中分割 x
    test_data = next(infer_reader())
    test_x = np.array([data[0] for data in test_data]).astype("float32")
    test_y= np.array([data[1] for data in test_data]).astype("float32")
    results = infer_exe.run(inference_program,        #预测模型
        #喂入要预测的 x 值
        feed={feed_target_names[0]: np.array(test_x)},
        fetch_list=fetch_targets)            #得到推测结果

    print("infer results: (House Price)")
    for idx, val in enumerate(results[0]):
        print("%d: %.2f" % (idx, val))
        infer_results.append(val)
    print("ground truth:")
    for idx, val in enumerate(test_y):
        print("%d: %.2f" % (idx, val))
        groud_truths.append(val)
    draw_infer_result(groud_truths,infer_results)
```

执行结果：

```
infer results: (House Price)
0: 14.58
1: 15.02
2: 14.43
3: 16.61
4: 15.06
5: 15.85
……
96: 16.80
97: 22.40
98: 20.60
99: 23.90
100: 22.00
101: 11.90
```

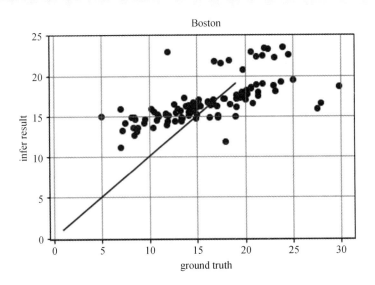

8.2 鸢尾花分类

本书使用经典的鸢尾花来进行分类预测。要构建一个模型，根据鸢尾花的花萼和花瓣大小将其分为三个不同的品种（见图 8.2）。本书使用支持向量机(SVM)作为分类方法。

	花萼长度	花萼宽度	花瓣长度	花瓣宽度			品种（标签）
特征	5.1	3.3	1.7	0.5	model	结果	0（山鸢尾）
	5.0	2.3	3.3	1.0			1（变色鸢尾）
	6.4	2.8	5.6	2.2			2（维吉尼亚鸢尾）

图 8.2 依据花萼与花瓣特征来预测鸢尾花的品种

数据集总共包含 150 行数据，每一行数据由 4 个特征值及 1 个目标值组成。4 个特征值分别为：萼片长度、萼片宽度、花瓣长度、花瓣宽度。目标值为 3 种不同类别的鸢尾花，分别为 Iris Setosa、Iris Versicolour、Iris Virginica（见图 8.3）。

```
5.1,3.5,1.4,0.2,Iris-setosa
4.9,3.0,1.4,0.2,Iris-setosa
4.7,3.2,1.3,0.2,Iris-setosa
4.6,3.1,1.5,0.2,Iris-setosa
5.0,3.6,1.4,0.2,Iris-setosa
5.4,3.9,1.7,0.4,Iris-setosa
4.6,3.4,1.4,0.3,Iris-setosa
5.0,3.4,1.5,0.2,Iris-setosa
4.4,2.9,1.4,0.2,Iris-setosa
4.9,3.1,1.5,0.1,Iris-setosa
5.4,3.7,1.5,0.2,Iris-setosa
```

图 8.3 鸢尾花数据集

1. 导入需要的 Python 工具包

首先导入必要的 Python 工具包，分别是：

（1）numpy：Python 科学计算库。

（2）matplotlib：Python 绘图库，可方便绘制折线图、散点图等图形。

（3）sklearn：Python 的重要机器学习库，其中封装了大量的机器学习算法，如分类、回归、降维及聚类等。

```python
import numpy as np
from matplotlib import colors
from sklearn import svm
from sklearn.svm import SVC
from sklearn import model_selection
import matplotlib.pyplot as plt
import matplotlib as mpl
```

2. 准备数据

（1）从指定路径下加载数据。

（2）对加载的数据进行数据分割，x_train、x_test、y_train、y_test 分别表示训练集特征、训练集标签、测试集特征、测试集标签。

```python
#*************将字符串转为整型，便于数据加载*********************
def iris_type(s):
    it = {b'Iris-setosa':0, b'Iris-versicolor':1, b'Iris-virginica':2}
    return it[s]


#加载数据
data_path='/home/aistudio/data/data5420/iris.data'    #数据文件的路径
data = np.loadtxt(data_path,                           #数据文件路径
                  dtype=float,                         #数据类型
                  delimiter=',',                       #数据分隔符
                  #将第5列使用函数 iris_type 进行转换
                  converters={4:iris_type})
#print(data)                    #data 为二维数组，data.shape=(150, 5)
#print(data.shape)
#数据分割
x, y = np.split(data,           #要切分的数组
                (4,),           #沿轴切分的位置，第5列开始往后为 y
                axis=1)         #代表纵向分割，按列分割
x = x[:, 0:2]      # x[:,0:4]代表第一维(行)全取，第二维(列)取 0~2
#print(x)
x_train,x_test,y_train,y_test=model_selection.train_test_split(
```

```
    x,                    #所要划分的样本特征集
    y,                    #所要划分的样本结果
    random_state=1,       #随机数种子
    test_size=0.3)        #测试样本占比
```

3. 模型搭建

C 值越大，相当于惩罚松弛变量，希望松弛变量接近 0，即对误分类的惩罚增大，趋向于对训练集全分对的情况，这样对训练集测试时准确率很高，但泛化能力弱。C 值越小，对误分类的惩罚减小，允许容错，将它们当成噪声点，泛化能力较强。kernel='linear'时为线性核，decision_function_shape='ovr'时，为 one v rest，即一个类别与其他类别进行划分，decision_function_shape='ovo'时，为 one v one，即将类别两两之间进行划分，用二分类的方法模拟多分类的结果。

```
#********************SVM 分类器构建********************
def classifier():
    clf = svm.SVC(C=0.5,                           #误差项惩罚系数,默认值是 1
                kernel='linear',                   #线性核 kenrel="rbf":高斯核
                decision_function_shape='ovr')     #决策函数
    return clf


# 2.定义模型: SVM 模型定义
clf = classifier()
```

4. 模型训练

```
#********************训练模型********************
def train(clf,x_train,y_train):
    clf.fit(x_train,             #训练集特征向量
            y_train.ravel())     #训练集目标值


# 3.训练 SVM 模型
train(clf,x_train,y_train)
```

5. 模型评估

```
#**************并判断 a b 是否相等，计算 acc 的均值**************
def show_accuracy(a, b, tip):
    acc = a.ravel() == b.ravel()
    print('%s Accuracy:%.3f' %(tip, np.mean(acc)))
```

```
def print_accuracy(clf,x_train,y_train,x_test,y_test):
    #分别打印训练集和测试集的准确率    score(x_train,y_train):表示输出
x_train,y_train在模型上的准确率
    print('trianing prediction:%.3f'%(clf.score(x_train, y_train)))
    print('test data prediction:%.3f'%(clf.score(x_test, y_test)))
    #原始结果与预测结果进行对比    predict()表示对x_train样本进行预测,
返回样本类别
    show_accuracy(clf.predict(x_train), y_train, 'traing data')
    show_accuracy(clf.predict(x_test), y_test, 'testing data')
    #计算决策函数的值,表示x到各分割平面的距离
    print('decision_function:\n', clf.decision_function(x_train))


# 4.模型评估
print_accuracy(clf,x_train,y_train,x_test,y_test)
```

执行结果:

```
trianing prediction:0.819
test data prediction:0.778
traing data Accuracy:0.819
testing data Accuracy:0.778
```

6. 模型使用

```
def draw(clf, x):
    iris_feature = 'sepal length', 'sepal width', 'petal lenght', 'petal
width'
    # 开始画图
    x1_min, x1_max = x[:, 0].min(), x[:, 0].max()    #第 0 列的范围
    x2_min, x2_max = x[:, 1].min(), x[:, 1].max()    #第 1 列的范围
    #生成网格采样点
    x1, x2 = np.mgrid[x1_min:x1_max:200j, x2_min:x2_max:200j]
    #stack():沿着新的轴加入一系列数组
    grid_test = np.stack((x1.flat, x2.flat), axis=1)
    print('grid_test:\n', grid_test)
    # 输出样本到决策面的距离
    z = clf.decision_function(grid_test)
    print('the distance to decision plane:\n', z)
```

```python
    # 预测分类值 得到【0,0.。。。2,2,2】
    grid_hat = clf.predict(grid_test)
print('grid_hat:\n', grid_hat)
# reshape grid_hat 和 x1 形状一致
    grid_hat = grid_hat.reshape(x1.shape)
    #若 3*3 矩阵 e，则 e.shape()为 3*3，表示 3 行 3 列

    cm_light = mpl.colors.ListedColormap(['#A0FFA0', '#FFA0A0',
'#A0A0FF'])
    cm_dark = mpl.colors.ListedColormap(['g', 'b', 'r'])

    plt.pcolormesh(x1, x2, grid_hat, cmap=cm_light)
                            # pcolormesh(x,y,z,cmap)这里参数代入
                # x1，x2，grid_hat，cmap=cm_light 绘制的是背景。
plt.scatter(x[:, 0],
    x[:, 1],
    c=np.squeeze(y),
    edgecolor='k',
    s=50,
    cmap=cm_dark)            # 样本点
plt.scatter(x_test[:, 0],
    x_test[:, 1],
    s=120,
    facecolor='none',
    zorder=10)              # 测试点
    plt.xlabel(iris_feature[0], fontsize=20)
    plt.ylabel(iris_feature[1], fontsize=20)
    plt.xlim(x1_min, x1_max)
    plt.ylim(x2_min, x2_max)
    plt.title('svm in iris data classification', fontsize=30)
    plt.grid()
plt.show()

# 5.模型使用
draw(clf,x)
```

执行结果:

```
grid_test:
[[4.3       2.        ]
 [4.3       2.0120603]
 [4.3       2.0241206]
 ...
 [7.9       4.3758794]
 [7.9       4.3879397]
 [7.9       4.4       ]]
the distance to decision plane:
[[ 2.17689921  1.23467171 -0.25941323]
 [ 2.17943684  1.23363096 -0.25941107]
 [ 2.18189345  1.23256802 -0.25940892]
 ...
 [-0.27958977  0.83621535  2.28683228]
 [-0.27928358  0.8332275   2.28683314]
 [-0.27897389  0.83034313  2.28683399]]
grid_hat:
[0. 0. 0. ... 2. 2. 2.]
```

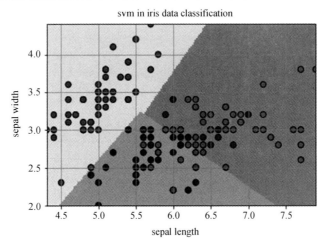

8.3 手写数字识别

本书使用多层感知器训练（DNN）模型，用于预测手写数字图片。例如输入手写数字图片 3，能辨识出 3 的数字（见图 8.4）。实践总体过程和步骤如图 8.5 所示。

f ( ) = "3"

图 8.4　手写数字图片 3，能辨识出数字 3

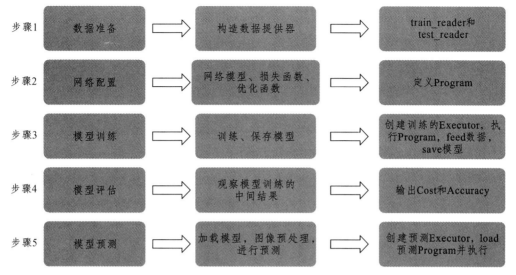

步骤1	数据准备	⟹	构造数据提供器	⟹	train_reader和 test_reader
步骤2	网络配置	⟹	网络模型、损失函数、优化函数	⟹	定义Program
步骤3	模型训练	⟹	训练、保存模型	⟹	创建训练的Executor，执行Program，feed数据，save模型
步骤4	模型评估	⟹	观察模型训练的中间结果	⟹	输出Cost和Accuracy
步骤5	模型预测	⟹	加载模型，图像预处理，进行预测	⟹	创建预测Executor，load预测Program并执行

图 8.5　手写数字识别实践总体过程和步骤

1. 导入需要的 Python 工具包

首先导入必要的 Python 工具包，分别是：

（1）PIL：Python 第三方图像处理库。

（2）numpy：Python 科学计算库。

（3）os：Python 模块，可使用该模块对操作系统进行操作。

（4）matplotlib：Python 绘图库，可方便绘制折线图、散点图等图形。

2. 准备数据

（1）数据集介绍：MNIST 数据集包含 60 000 个训练集和 10 000 个测试数据集，分为图片和标签，图片是 28×28 的像素矩阵，标签为 0~9 共 10 个数字（见图 8.6）。

图 8.6　手写数字样例

（2）train_reader 和 test_reader：paddle.dataset.mnist.train()和 test()分别用于获取 mnist 训练集和测试集，paddle.reader.shuttle()表示每次缓存 BUF_SIZE 个数据项，并进行打乱，paddle.batch()表示每 BATCH_SIZE 个组成一个 batch。

（3）PaddlePaddle 接口提供的数据经过了归一化、居中等处理。

```
BUF_SIZE=512
BATCH_SIZE=128
#用于训练的数据提供器，每次从缓存中随机读取批次大小的数据
train_reader = paddle.batch(
    paddle.reader.shuffle(paddle.dataset.mnist.train(),
```

```
                         buf_size=BUF_SIZE),
    batch_size=BATCH_SIZE)
#用于训练的数据提供器，每次从缓存中随机读取批次大小的数据
test_reader = paddle.batch(
    paddle.reader.shuffle(paddle.dataset.mnist.test(),
                         buf_size=BUF_SIZE),
    batch_size=BATCH_SIZE)

#用于打印，查看 mnist 数据
train_data=paddle.dataset.mnist.train();
sampledata=next(train_data())
print(sampledata)
```

3. 网络配置

　　以下的代码判断就是定义一个简单的多层感知器，一共有三层，两个大小为 100 的隐层和一个大小为 10 的输出层。因为 MNIST 数据集是手写 0 ~ 9 的灰度图像，类别有 10 个，所以最后的输出大小是 10。最后输出层的激活函数是 Softmax，所以最后的输出层相当于一个分类器。加上一个输入层，多层感知器的结构是：输入层→隐层→隐层→输出层（见图 8.7）。

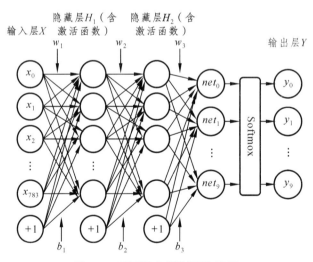

图 8.7　手写数字识别网络配置

（1）定义多层感知器：

```
# 定义多层感知器
def multilayer_perceptron(input):
    # 第一个全连接层，激活函数为 ReLU
    hidden1 = fluid.layers.fc(input=input, size=100, act='relu')
    # 第二个全连接层，激活函数为 ReLU
```

```
hidden2 = fluid.layers.fc(input=hidden1, size=100, act='relu')
# 以 softmax 为激活函数的全连接输出层，输出层的大小必须为数字的个数 10
prediction = fluid.layers.fc(input=hidden2, size=10, act='softmax')
return prediction
```

（2）定义数据层：输入的是图像数据。如果图像是 28×28 的灰度图，那么输入的形状是 [1,28,28]；如果图像是 32×32 的彩色图，那么输入的形状是[3,32,32]，因为灰度图只有一个通道，而彩色图有 RGB 三个通道。

```
# 输入的原始图像数据，大小为 1*28*28
image   =  fluid.layers.data(name='image',  shape=[1,  28,  28],
dtype='float32')              #单通道，28*28 像素值
# 标签，名称为 label,对应输入图片的类别标签
label = fluid.layers.data(name='label', shape=[1], dtype='int64')
                    #图片标签
```

（3）获取分类器：

```
# 获取分类器
predict = multilayer_perceptron(image)
```

（4）定义损失函数和准确率：本书使用的是交叉熵损失函数，该函数在分类任务上比较常用。定义了一个损失函数后，对它求平均值，训练程序必须返回平均损失作为第一个返回值，因为它会被后面反向传播算法用到。同时还定义一个准确率函数，可以在训练时输出分类的准确率。

```
#使用交叉熵损失函数,描述真实样本标签和预测概率之间的差值
cost = fluid.layers.cross_entropy(input=predict, label=label)
# 使用类交叉熵函数计算 predict 和 label 之间的损失函数
avg_cost = fluid.layers.mean(cost)
# 计算分类准确率
acc = fluid.layers.accuracy(input=predict, label=label)
```

（5）定义优化函数：本书使用的是 Adam 优化方法，同时指定学习率为 0.001。

```
#使用 Adam 算法进行优化, learning_rate 是学习率(它的大小与网络的训练收
敛速度有关系)
optimizer = fluid.optimizer.AdamOptimizer(learning_rate=0.001)
opts = optimizer.minimize(avg_cost)
```

在上述模型配置完毕后，得到两个 fluid.Program：fluid.default_startup_program()与 fluid.default_main_program()配置完毕。参数初始化操作会被写入 fluid.default_startup_ program()。fluid.default_main_program()用于获取默认或全局 main program（主程序）。该主程序用于训练和测试模型。fluid.layers 中的所有 layer 函数可以向 default_main_program 中添加算子和变量。

default_main_program 是 fluid 的许多编程接口（API）Program 参数的缺省值。例如，当用户 program 没有传入的时候，Executor.run()会默认执行 default_main_program。

4. 模型训练与评估

（1）创建训练的 Executor：首先定义运算场所，fluid.CPUPlace()和 fluid.CUDAPlace(0)分别表示运算场所为 CPU 和 GPU。Executor:接收传入的 program，通过 run()方法运行 program。

```
# 定义使用CPU还是GPU，使用CPU时 use_cuda = False,使用GPU时 use_cuda =
True
use_cuda = False
place = fluid.CUDAPlace(0) if use_cuda else fluid.CPUPlace()
# 获取测试程序
test_program = fluid.default_main_program().clone(for_test=True)
exe = fluid.Executor(place)
exe.run(fluid.default_startup_program())
```

（2）告知网络传入的数据分为两部分，第一部分是 image 值，第二部分是 label 值。DataFeeder 负责将数据提供器（train_reader,test_reader）返回的数据转成一种特殊的数据结构，使其可以输入 Executor 中。

```
feeder = fluid.DataFeeder(place=place, feed_list=[image, label])
```

（3）展示模型训练曲线：

```
all_train_iter=0
all_train_iters=[]
all_train_costs=[]
all_train_accs=[]

def draw_train_process(title,iters,costs,accs,label_cost,lable_acc):
    plt.title(title, fontsize=24)
    plt.xlabel("iter", fontsize=20)
    plt.ylabel("cost/acc", fontsize=20)
    plt.plot(iters, costs,color='red',label=label_cost)
    plt.plot(iters, accs,color='green',label=lable_acc)
    plt.legend()
    plt.grid()
    plt.show()
```

（4）训练并保存模型：训练需要有一个训练程序和一些必要参数，并构建了一个获取训练过程中测试误差的函数。必要参数有 executor、program、reader、feeder、fetch_list。executor

表示之前创建的执行器。program 表示执行器所执行的 program，是之前创建的 program，如果该项参数没有给定，则默认使用 defalut_main_program。reader 表示读取到的数据。feeder 表示前向输入的变量。fetch_list 表示用户想得到的变量。

```python
EPOCH_NUM=2
model_save_dir = "/home/aistudio/work/hand.inference.model"
for pass_id in range(EPOCH_NUM):
    # 进行训练
    #遍历 train_reader
    for batch_id, data in enumerate(train_reader()):
        train_cost, train_acc = exe.run(
            program=fluid.default_main_program(),  #运行主程序
            feed=feeder.feed(data),            #给模型喂入数据
            fetch_list=[avg_cost, acc])     #fetch 误差、准确率

        all_train_iter=all_train_iter+BATCH_SIZE
        all_train_iters.append(all_train_iter)

        all_train_costs.append(train_cost[0])
        all_train_accs.append(train_acc[0])

        # 每200个 batch 打印一次信息  误差、准确率
        if batch_id % 200 == 0:
            print('Pass:%d, Batch:%d, Cost:%0.5f, Accuracy:%0.5f' %
                (pass_id, batch_id, train_cost[0], train_acc[0]))

    # 进行测试
    test_accs = []
    test_costs = []
    #每训练一轮 进行一次测试
    for batch_id, data in enumerate(test_reader()):
            #遍历 test_reader
        test_cost, test_acc = exe.run(
            program=test_program,           #执行训练程序
            feed=feeder.feed(data),         #喂入数据
            fetch_list=[avg_cost, acc])     #fetch 误差、准确率
        test_accs.append(test_acc[0])           #每个 batch 的准确率
        test_costs.append(test_cost[0])         #每个 batch 的误差
```

```
        # 求测试结果的平均值
        #每轮的平均误差
        test_cost = (sum(test_costs) / len(test_costs))
        #每轮的平均准确率
        test_acc = (sum(test_accs) / len(test_accs))

        print('Test:%d, Cost:%0.5f, Accuracy:%0.5f' % (pass_id, test_cost,
test_acc))


        # 保存模型
        # 如果保存路径不存在就创建
    if not os.path.exists(model_save_dir):
        os.makedirs(model_save_dir)
    print ('save models to %s' % (model_save_dir))
    fluid.io.save_inference_model(
        model_save_dir,          #保存推理 model 的路径
        ['image'],               #推理（inference）需要 feed 的数据
        [predict],               #保存推理（inference）结果的 Variables
        exe)                     #executor 保存 inference model

    print('训练模型保存完成！')
    draw_train_process("training",all_train_iters,all_train_costs,
all_train_accs,"training cost","training acc")
```

执行结果：

```
Pass:0, Batch:0, Cost:2.31112, Accuracy:0.14844
Pass:0, Batch:200, Cost:0.24132, Accuracy:0.92969
Pass:0, Batch:400, Cost:0.26719, Accuracy:0.92188
Test:0, Cost:0.22510, Accuracy:0.93018
Pass:1, Batch:0, Cost:0.24731, Accuracy:0.92188
Pass:1, Batch:200, Cost:0.12370, Accuracy:0.97656
Pass:1, Batch:400, Cost:0.24292, Accuracy:0.93750
Test:1, Cost:0.15191, Accuracy:0.95263
save models to /home/aistudio/work/hand.inference.model
训练模型保存完成！
```

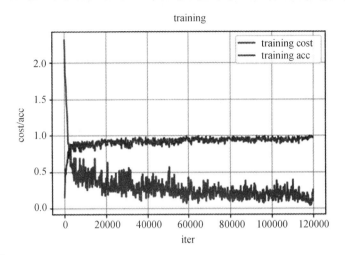

5. 模型预测

（1）图片预处理：在预测之前，要对图像进行预处理。首先进行灰度化，然后压缩图像大小为 28×28，接着将图像转换成一维向量，最后再对一维向量进行归一化处理。

```
def load_image(file):
    #将 RGB 转化为灰度图像，L 代表灰度图像，像素值在 0~255
    im = Image.open(file).convert('L')
    #resize image with high-quality 图像大小为 28*28
    im = im.resize((28, 28), Image.ANTIALIAS)
    #返回新形状的数组,把它变成一个 numpy 数组以匹配数据馈送格式。
    im = np.array(im).reshape(1, 1, 28, 28).astype(np.float32)
    # print(im)
    im = im / 255.0 * 2.0 - 1.0    #归一化到-1~1
    return im
```

（2）使用 Matplotlib 工具显示这张图像：

```
infer_path='/home/aistudio/data/data1910/infer_3.png'
img = Image.open(infer_path)
plt.imshow(img)                      #根据数组绘制图像
plt.show()                           #显示图像
```

执行结果：

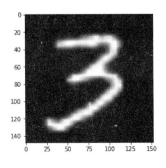

（3）创建预测用的 Executer：

```
infer_exe = fluid.Executor(place)
inference_scope = fluid.core.Scope()
```

（4）开始预测：通过 fluid.io.load_inference_model，预测器会从 params_dirname 中读取已经训练好的模型，来对从未遇见过的数据进行预测。

```
# 加载数据并开始预测
with fluid.scope_guard(inference_scope):
    #获取训练好的模型
    #从指定目录中加载 推理 model(inference model)
    [inference_program,       #推理 Program
     feed_target_names,
    #是一个 str 列表，它包含需要在推理 Program 中提供数据的变量的名称。
     fetch_targets] = fluid.io.load_inference_model(
         model_save_dir,
         #fetch_targets：是一个 Variable 列表，从中我们可以得到推断
        结果。model_save_dir：模型保存的路径
         infer_exe)
         #infer_exe: 运行 inference model 的 executor
    img = load_image(infer_path)

    results = infer_exe.run(
         program=inference_program,        #运行推测程序
         feed={feed_target_names[0]: img},     #喂入要预测的 img
         fetch_list=fetch_targets)          #得到推测结果，
    # 获取概率最大的 label
    lab = np.argsort(results)
    #argsort 函数返回的是 result 数组值从小到大的索引值
    #print(lab)
    print("该图片的预测结果的 label 为: %d" % lab[0][0][-1])
    #-1 代表读取数组中倒数第一列
```

执行结果：

该图片的预测结果的 label 为：3

8.4 猫狗图片分类

图像分类是根据图像的语义信息将不同类别图像区分开来，是计算机视觉中重要的基本问题。猫狗分类属于图像分类中的粗粒度分类问题（见图8.8）。

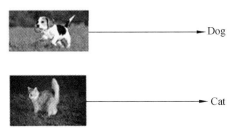

图 8.8 猫狗分类

实践总体过程和步骤如图 8.9 所示。

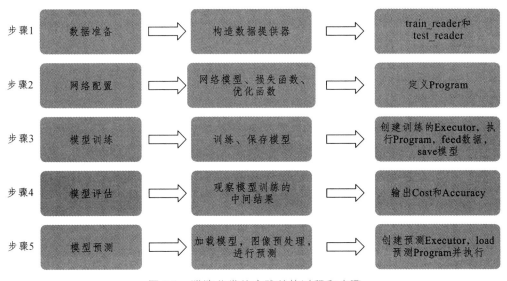

图 8.9 猫狗分类的实践总体过程和步骤

1. 导入需要的 Python 工具包

首先导入必要的 Python 工具包，分别是：

（1）paddle.fluid：PaddlePaddle 深度学习框架。

（2）numpy：Python 科学计算库。

（3）os：Python 模块，可使用该模块对操作系统进行操作。

（4）matplotlib：Python 绘图库，可方便绘制折线图、散点图等图形。

```
#导入需要的包
import paddle as paddle
import paddle.fluid as fluid
import numpy as np
```

```
from PIL import Image
import matplotlib.pyplot as plt
import os
```

2. 准备数据

（1）数据集介绍：使用 CIFAR10 数据集，CIFAR10 数据集包含 60 000 张 32×32 的彩色图片，10 个类别，每个类包含 6 000 张。其中，50 000 张图片作为训练集，10 000 张作为验证集（见图 8.10）。本次仅对其中的猫和狗两类进行预测。

图 8.10　CIFAR10 数据集样例

（2）train_reader 和 test_reader：paddle.dataset.cifar.train10()和 test10()分别获取 cifar 训练集和测试集。paddle.reader.shuffle()表示每次缓存 BUF_SIZE 个数据项，并进行打乱。paddle.batch()表示每 BATCH_SIZE 个组成一个 batch。

（3）数据集下载：由于本次实践的数据集比较大，为防止出现不好下载的问题，提高下载效率，可以用下面的代码进行数据集的下载。

```
!mkdir -p  /home/aistudio/.cache/paddle/dataset/cifar/
!wget  "http://ai-atest.bj.bcebos.com/cifar-10-python.tar.gz"  -O
cifar-10-python.tar.gz
!mv cifar-10-python.tar.gz  /home/aistudio/.cache/paddle/dataset/cifar/
!ls -a /home/aistudio/.cache/paddle/dataset/cifar/

BATCH_SIZE = 128
#用于训练的数据提供器
train_reader = paddle.batch(
    paddle.reader.shuffle(paddle.dataset.cifar.train10(),
                    buf_size=128*100),
```

```
        batch_size=BATCH_SIZE)
    #用于测试的数据提供器
    test_reader = paddle.batch(
        paddle.dataset.cifar.test10(),
        batch_size=BATCH_SIZE)
```

3. 网络配置

（1）网络搭建（CNN 网络模型）：

在 CNN 模型中，卷积神经网络能够更好地利用图像的结构信息。下面定义了一个较简单的卷积神经网络。其结构为：输入的二维图像，先经过三次卷积层、池化层和 Batchnorm，再经过全连接层，最后使用 softmax 分类作为输出层（见图 8.11）。

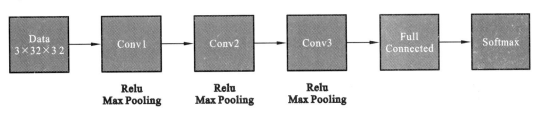

图 8.11 网络模型结构

池化是非线性下采样的一种形式，主要作用是通过减少网络的参数来减小计算量，并且能够在一定程度上控制过拟合。通常在卷积层的后面会加上一个池化层。paddlepaddle 池化默认为最大池化，是用不重叠的矩形框将输入层分成不同的区域，对于每个矩形框的数取最大值作为输出。

Batchnorm 顾名思义是对每 batch 个数据同时做一个 norm。作用就是在深度神经网络训练过程中使得每一层神经网络的输入保持相同分布。

```
def convolutional_neural_network(img):
    # 第一个卷积-池化层
    conv_pool_1 = fluid.nets.simple_img_conv_pool(
        input=img,              # 输入图像
        filter_size=5,          # 滤波器的大小
        num_filters=20,         # filter 的数量。它与输出的通道相同
        pool_size=2,            # 池化核大小 2*2
        pool_stride=2,          # 池化步长
        act="relu")             # 激活类型
    conv_pool_1 = fluid.layers.batch_norm(conv_pool_1)
    # 第二个卷积-池化层
    conv_pool_2 = fluid.nets.simple_img_conv_pool(
        input=conv_pool_1,
        filter_size=5,
```

```
        num_filters=50,
        pool_size=2,
        pool_stride=2,
        act="relu")
    conv_pool_2 = fluid.layers.batch_norm(conv_pool_2)
    # 第三个卷积-池化层
    conv_pool_3 = fluid.nets.simple_img_conv_pool(
        input=conv_pool_2,
        filter_size=5,
        num_filters=50,
        pool_size=2,
        pool_stride=2,
        act="relu")
    # 以 softmax 为激活函数的全连接输出层，10 类数据输出 10 个数字
    prediction = fluid.layers.fc(input=conv_pool_3, size=10, act='softmax')
    return prediction
```

（2）定义数据：

```
#定义输入数据
data_shape = [3, 32, 32]
images = fluid.layers.data(name='images', shape=data_shape, dtype='float32')
label = fluid.layers.data(name='label', shape=[1], dtype='int64')
```

（3）获取分类器：下面使用了 CNN 方式进行分类。

```
# 获取分类器，用 cnn 进行分类
predict = convolutional_neural_network(images)
```

（4）定义损失函数和准确率：本书使用的是交叉熵损失函数，该函数在分类任务上比较常用。定义了一个损失函数后，对它求平均值，因为定义的是一个 Batch 的损失值。同时还可以定义一个准确率函数，可以在训练时输出分类的准确率。

```
# 获取损失函数和准确率
# 交叉熵
cost = fluid.layers.cross_entropy(input=predict, label=label)
# 计算 cost 中所有元素的平均值
avg_cost = fluid.layers.mean(cost)
#使用输入和标签计算准确率
acc = fluid.layers.accuracy(input=predict, label=label)
```

（5）定义优化方法：本次使用的是 Adam 优化方法，同时指定学习率为 0.001。

```
# 获取测试程序
test_program = fluid.default_main_program().clone(for_test=True)

# 定义优化方法
optimizer =fluid.optimizer.Adam(learning_rate=0.001)
optimizer.minimize(avg_cost)
print("完成")
```

在上述模型配置完毕后，得到两个 fluid.Program：fluid.default_startup_program()与 fluid.default_main_program() 配置完毕。参数初始化操作会被写入 fluid.default_startup_program()。

fluid.default_main_program()用于获取默认或全局 main program（主程序）。该主程序用于训练和测试模型。fluid.layers 中的所有 layer 函数可以向 default_main_program 中添加算子和变量。default_main_program 是 fluid 的许多编程接口（API）Program 参数的缺省值。例如，当用户 program 没有传入的时候，Executor.run()会默认执行 default_main_program。

4. 模型训练与评估

（1）创建 Executor：首先定义运算场所，fluid.CPUPlace()和 fluid.CUDAPlace(0)分别表示运算场所为 CPU 和 GPU。Executor：接收传入的 program，通过 run()方法运行 program。

```
# 定义使用CPU还是GPU,使用CPU时use_cuda = False,使用GPU时use_cuda
= True
use_cuda = True
place = fluid.CUDAPlace(0) if use_cuda else fluid.CPUPlace()

# 创建执行器,初始化参数
exe = fluid.Executor(place)
exe.run(fluid.default_startup_program())
```

（2）定义数据映射器：DataFeeder 负责将 reader（读取器）返回的数据转成一种特殊的数据结构，使它们可以输入 Executor。

```
feeder = fluid.DataFeeder( feed_list=[images, label],place=place)
```

（3）定义绘制训练过程的损失值和准确率变化趋势的方法 draw_train_process。

```
all_train_iter=0
all_train_iters=[]
all_train_costs=[]
all_train_accs=[]

def draw_train_process(title,iters,costs,accs,label_cost,lable_acc):
```

```
plt.title(title, fontsize=24)
plt.xlabel("iter", fontsize=20)
plt.ylabel("cost/acc", fontsize=20)
plt.plot(iters, costs,color='red',label=label_cost)
plt.plot(iters, accs,color='green',label=lable_acc)
plt.legend()
plt.grid()
plt.show()
```

（4）训练并保存模型：Executor 接收传入的 program，并根据 feed map（输入映射表）和 fetch_list（结果获取表）向 program 中添加 feed operators（数据输入算子）和 fetch operators（结果获取算子）。feed map 为该 program 提供输入数据。fetch_list 提供 program 训练结束后用户预期的变量。每一个 Pass 训练结束之后，再使用验证集进行验证，并打印出相应的损失值 cost 和准确率 acc。

```
EPOCH_NUM = 20
model_save_dir = "/home/aistudio/work/catdog.inference.model"

for pass_id in range(EPOCH_NUM):
    # 开始训练
    for batch_id, data in enumerate(train_reader()):
            #遍历 train_reader 的迭代器，并为数据加上索引 batch_id
        train_cost,train_acc = exe.run(
            program=fluid.default_main_program(),  #运行主程序
            feed=feeder.feed(data),        #喂入一个 batch 的数据
            fetch_list=[avg_cost, acc])  #fetch 均方误差和准确率

        all_train_iter=all_train_iter+BATCH_SIZE
        all_train_iters.append(all_train_iter)
        all_train_costs.append(train_cost[0])
        all_train_accs.append(train_acc[0])

        #每 100 次 batch 打印一次训练、进行一次测试
        if batch_id % 100 == 0:
            print('Pass:%d, Batch:%d, Cost:%0.5f, Accuracy:%0.5f' %
            (pass_id, batch_id, train_cost[0], train_acc[0]))

    # 开始测试
    test_costs = []                 #测试的损失值
```

```
    test_accs = []                  #测试的准确率
    for batch_id, data in enumerate(test_reader()):
        test_cost, test_acc = exe.run(
            program=test_program,          #执行测试程序
            feed=feeder.feed(data),        #喂入数据
            fetch_list=[avg_cost, acc])    #fetch 误差、准确率
        test_costs.append(test_cost[0])    #记录每个 batch 的误差
        test_accs.append(test_acc[0])      #记录每个 batch 的准确率


    # 求测试结果的平均值
    #计算误差平均值（误差和/误差的个数）
    test_cost = (sum(test_costs) / len(test_costs))
    #计算准确率平均值（准确率的和/准确率的个数）
    test_acc = (sum(test_accs) / len(test_accs))
    print('Test:%d, Cost:%0.5f, ACC:%0.5f' % (pass_id, test_cost,
test_acc))


    #保存模型
    # 如果保存路径不存在就创建
    if not os.path.exists(model_save_dir):
        os.makedirs(model_save_dir)
    print ('save models to %s' % (model_save_dir))
    fluid.io.save_inference_model(model_save_dir,
                                  ['images'],
                                  [predict],
                                  exe)
    print('训练模型保存完成！')
    draw_train process("training",all_train_iters,all_train_costs,all
_train_accs,"training cost","training acc")
```

执行结果：

```
该图片的预测结果的 label 为：3
Pass:0, Batch:0, Cost:2.81830, Accuracy:0.13281
Pass:0, Batch:100, Cost:1.48910, Accuracy:0.52344
Pass:0, Batch:200, Cost:1.25994, Accuracy:0.50000
Pass:0, Batch:300, Cost:1.12785, Accuracy:0.58594
```

```
Test:0, Cost:1.35416, ACC:0.53451
Pass:1, Batch:0, Cost:1.14111, Accuracy:0.60938
Pass:1, Batch:100, Cost:1.07068, Accuracy:0.64844
Pass:1, Batch:200, Cost:1.07912, Accuracy:0.62500
Pass:1, Batch:300, Cost:1.11460, Accuracy:0.63281
Test:1, Cost:1.10192, ACC:0.61432
……
Pass:18, Batch:0, Cost:0.21863, Accuracy:0.91406
Pass:18, Batch:100, Cost:0.29261, Accuracy:0.85156
Pass:18, Batch:200, Cost:0.16631, Accuracy:0.96094
Pass:18, Batch:300, Cost:0.25962, Accuracy:0.92188
Test:18, Cost:1.76082, ACC:0.65032
Pass:19, Batch:0, Cost:0.28919, Accuracy:0.89844
Pass:19, Batch:100, Cost:0.18444, Accuracy:0.94531
Pass:19, Batch:200, Cost:0.23337, Accuracy:0.92188
Pass:19, Batch:300, Cost:0.19845, Accuracy:0.92969
Test:19, Cost:1.69358, ACC:0.65971
save models to /home/aistudio/work/catdog.inference.model
训练模型保存完成!
```

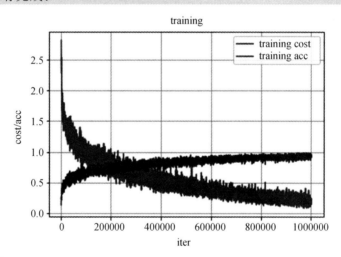

5. 模型预测

（1）创建预测用的 Executor：

```
infer_exe = fluid.Executor(place)
inference_scope = fluid.core.Scope()
```

（2）图片预处理：在预测之前，要对图像进行预处理。首先将图片大小调整为 32×32，接着将图像转换成一维向量，最后再对一维向量进行归一化处理。

```python
def load_image(file):
        #打开图片
        im = Image.open(file)
        #将图片调整为与训练数据一样的大小  32*32,
        #设定 ANTIALIAS，即抗锯齿.resize 是缩放
        im = im.resize((32, 32), Image.ANTIALIAS)
        #建立图片矩阵 类型为 float32
        im = np.array(im).astype(np.float32)
        #矩阵转置
        im = im.transpose((2, 0, 1))
        #将像素值从 0~255 转换为 0~1
        im = im / 255.0
        #print(im)
        im = np.expand_dims(im, axis=0)
        # 保持和之前输入 image 维度一致
        print('im_shape 的维度: ',im.shape)
        return im
```

（3）开始预测：通过 fluid.io.load_inference_model，预测器会从 params_dirname 中读取已经训练好的模型，来对从未遇见过的数据进行预测。

```python
with fluid.scope_guard(inference_scope):
    #从指定目录中加载 推理 model(inference model)
    [inference_program, # 预测用的 program
     feed_target_names,
     # 是一个 str 列表,它包含需要在推理 Program 中提供数据的变量的名称。
     fetch_targets] = fluid.io.load_inference_model(
            #fetch_targets:是一个 Variable 列表,从中我们可以得到推断结果。
            model_save_dir,
            #infer_exe: 运行 inference model 的 executor
            infer_exe)
```

```python
infer_path='dog2.jpg'
img = Image.open(infer_path)
plt.imshow(img)
plt.show()


img = load_image(infer_path)


results = infer_exe.run(
        inference_program,              #运行预测程序
        feed={feed_target_names[0]: img},  #喂入要预测的 img
        fetch_list=fetch_targets)       #得到推测结果
print('results',results)
label_list = [
    "airplane", "automobile", "bird", "cat", "deer",
    "dog", "frog", "horse", "ship", "truck"
    ]
print("infer results: %s" % label_list[np.argmax(results[0])])
```

执行结果:

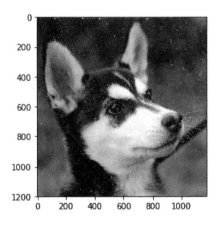

```
im_shape 的维度: (1, 3, 32, 32)
results [array([[5.2260850e-07, 2.4826199e-04, 6.1060819e-06,
      4.4878345e-02,2.9393325e-02, 8.8264537e-01, 4.2730059e-02,
      5.3736489e-08, 8.7376095e-05, 1.0473223e-05]], dtype=float32)]
infer results: dog
```

习　题

1. 对糖尿病数据集（sklearn.datasets 包含）进行分析，并参考 8.1 节的回归方法，通过模型对数据进行预测。

2. 对 UCI 的 Wine 数据集（https://archive.ics.uci.edu/dataset/109/wine）进行分析，并参考 8.2 节的分类方法，通过模型对数据进行训练学习，对模型进行调参、优化与分析等，最后算出模型分类得分。

3. 将 8.3 节范例中的数据集由 MNIST 数据集换成 EMNIST 数据集（https://www.westernsydney.edu.au/icns/resources/reproducible_research3/publication_support_materials2/emnist），修改代码进行识别，分析评估 DNN 模型在新数据集上的效果。

4. 对 8.3 节 MNIST 数据集采用其他的模型算法进行识别，得出对应结果与文中的 DNN 模型进行比较。

参考文献

[1]　吴昊天. 人工智能创作物的独创性与保护策略——以"ChatGPT"为例[J]. 科技与法律（中英文），2023(3): 76-86.

[2]　LI Z, LIU F, YANG W, et al. A survey of convolutional neural networks: analysis, applications, and prospects[J]. IEEE transactions on neural networks and learning systems, 2021.

[3]　LU D, WENG Q. A survey of image classification methods and techniques for improving classification performance[J]. International journal of Remote sensing, 2007, 28(5): 823-870.

[4]　ZOU Z, CHEN K, SHI Z, et al. Object detection in 20 years: A survey[J]. Proceedings of the IEEE, 2023.

[5]　WANG P, CHEN P, YUAN Y, et al. Understanding convolution for semantic segmentation[C]// 2018 IEEE winter conference on applications of computer vision (WACV). Ieee, 2018: 1451-1460.

[6]　HAFIZ A M, BHAT G M. A survey on instance segmentation: state of the art[J]. International journal of multimedia information retrieval, 2020, 9(3): 171-189.

[7]　CARION N, MASSA F, SYNNAEVE G, et al. End-to-end object detection with transformers[C]//European conference on computer vision. Cham: Springer International Publishing, 2020: 213-229.

[8]　JIANG P, ERGU D, LIU F, et al. A Review of Yolo algorithm developments[J]. Procedia Computer Science, 2022, 199: 1066-1073.

[9] LI Y. Research and application of deep learning in image recognition[C]//2022 IEEE 2nd International Conference on Power, Electronics and Computer Applications (ICPECA). IEEE, 2022: 994-999.

[10] CHEN L, LI S, BAI Q, et al. Review of image classification algorithms based on convolutional neural networks[J]. Remote Sensing, 2021, 13(22): 4712.

[11] HAO Y, SONG H, DONG L, et al. Language models are general-purpose interfaces[J]. arXiv preprint arXiv: 2206.06336, 2022.

[12] SINGHAL K, AZIZI S, TU T, et al. Large language models encode clinical knowledge[J]. Nature, 2023: 1-9.

[13] SANYAL S, BISWAS S K, DAS D, et al. Boston house price prediction using regression models[C]//2022 2nd International Conference on Intelligent Technologies (CONIT). IEEE, 2022: 1-6.

[14] SALVE S S, NAROTE S P. Iris recognition using SVM and ANN[C]//2016 International Conference on Wireless Communications, Signal Processing and Networking (WiSPNET). IEEE, 2016: 474-478.

[15] XIE X, HE W, ZHU Y, et al. Performance Evaluation and Analysis of Deep Learning Frameworks[J]. Proceedings of the 2022 5th International Conference on Artificial Intelligence and Pattern Recognition, 2022. DOI: 10.1145/3573942.3573948.